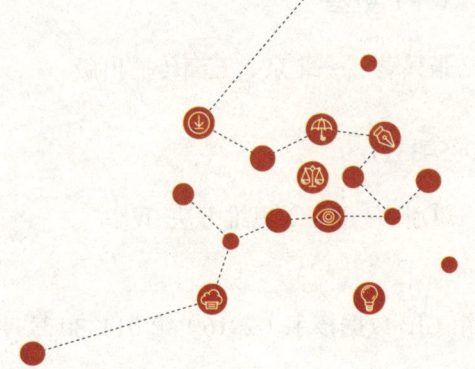

思维导图
高手

张兵 著

提升效率 · 提升收入 · 提升格局

五洲传播出版社

图书在版编目（CIP）数据

思维导图高手 / 张兵著 . —北京：五洲传播出版社，2016.3
ISBN 978-7-5085-3317-9

Ⅰ.①思… Ⅱ.①张… Ⅲ.①思维方法 Ⅳ.① B804

中国版本图书馆 CIP 数据核字（2016）第 014380 号

策　　划：王 茹	责任校对：凤 箫
责任编辑：黄金敏	封面设计：王 琳

出版发行：五洲传播出版社　　　　电　话：010-82005927
地　　址：北京市北三环中路生产力大厦 B 座 6 层　　邮　编：100088
网　　址：http://www.cicc.org.cn

印　　刷：大厂回族自治县德诚印务有限公司　　　　邮　编：065300

710×1000　1/16　　　　　　　　　　　　12.75 印张　　187 千字
2016 年 3 月第 1 版　　　　　　　　　　2021 年 1 月第 5 次印刷
　　　　　　　　　　　　　　　　　　　定价：88.00 元

本书如有印装质量问题　可找本社市场部更换

读者推荐
（排名不分先后）

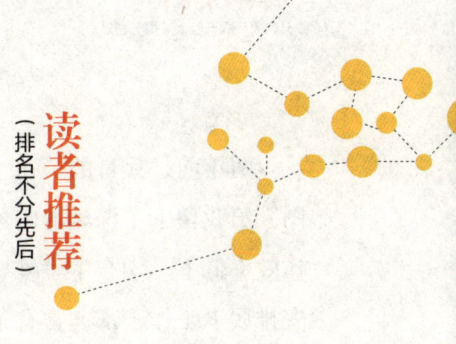

几个月前，我还对人生没有规划，做事情没有头绪，习惯拖拉，经常一天下来什么事情也没有做成。后来有幸遇到了张兵老师，向他学习思维导图，才真正地管理好时间，战胜拖拉，效率提高了很多。感谢有缘遇到张兵老师。张兵老师在提高学习、工作各个方面的效率这方面非常权威，值得大家学习。

——一个走在修行路上的营销爱好者 王江松

因偶然机缘，有幸结识张兵老师。看到老师制作的思维导图后，被老师严谨的逻辑思维和人格魅力所折服！在向老师学习思维导图后，感觉自己逻辑思维能力明显增强，在工作中从焦头烂额的状态到现在的游刃有余。学习上的帮助也特别大，以前看书过目就忘，现在用思维导图做笔记，掌握知识快，扎实，复习也事半功倍。思维导图的用途太广了！生活和工作的方方面面都可以用到。在此，深深的感恩张兵老师，感恩老师给我们工作和生活带来的巨变！继续努力和老师学习！

——职业机关工作人员 魏华容

两年前，兵哥的一句"普通员工用Word，中层管理用PPT，老板用思维导图"给我留下了深刻的印象，每日工作忙得焦头烂额，总感觉事情做不完，工作效率低下。学会了思维导图后，工作效率大大提升，无论是与客户交谈还是安排属下工作，都非常有条理。思维导图不能帮助我们立马变现，但可以迅速帮我们理清思路，提升工作效率，赚得更多时间。显然对于我们来说，时间才是最宝贵的，用最短的时间做更高效的事，我相信谁都想拥有。

——湖南嘉顺网络信息有限公司总经理 唐小平

在学思维导图的过程中，自己走了许多弯路。因为深信思维导图能给自己带来不可估量的收获，所以从未放弃对它的执着。看了很多这方面的书，但是仍然很迷茫，感到自己的思维毫无逻辑。后来看了很多兵哥的文章，感到学到了很多东西（不仅仅是导图方面），所以很相信自己可以得到想要的东西。即使是家庭不富裕的学生，我还是决定拿出自己的生活费，为自己投资。一直相信，穷并不可怕，可怕的是一直拥有穷人的思维。直到现在，都很幸运自己做了这个决定。因为现在不怕自己没有逻辑了，生活和学习的方方面面都在用思维导图，感觉自己越来越爱它了。一直为自己加油，也为所有努力的大家加油。

——在校大学生 魔法精灵

一位伟人说："要么是你驾驭生命，要么是生命驾驭你。你的心态决定谁是坐骑，谁是骑师。"

在做思维导图的过程中，我不断有新的发现，对问题分析更全面，更深入，大大提高了自己处理问题的能力，面对工作游刃有余。

——福建宁德时代新能源科技股份有限公司 龙七

读者推荐

跟着兵哥学习思维导图还不到一个月，感觉收获颇丰：第一，工作效率提高了至少5倍，以前做事有些散漫，思路也不够清晰，自从开始用思维导图，将工作合理分配，每天待办事项都安排得井井有条；第二，看视频有收获，以前看了就看了，事后就忘了，就算做了笔记也很少去翻看，当用上思维导图后，不管别人讲什么都能用一张图清晰地展现，易记、易查、易传播；第三，有利于自己写文章的水平的提高。总之，跟着兵哥学导图，我相信一定会有更多意想不到的收获。非常感恩兵哥！

——国际贸易 刘合钦

一个支点可以撬动地球，一张思维导图同样可以托起您所有的知识。张兵的思维导图融合了水平思维、发散思维、金字塔思维三种思考方式，它可以帮您系统地思考，严谨地表达，高效地倾听。通过参加张兵思维导图培训，让我的工作效率与品质提升至少10倍。当然，我相信您也完全可以。

——网友 月无痕

非常有幸，认识了张兵老师。以前的我，学习是杂乱无章的，只会拼命抄笔记，但因为信息太多，不知道从哪里入手，随着时间的推移，很多内容就会遗忘，学习效果自然也不好；张兵老师教会了我如何抓住重点，高效率地整理思路，轻松地把相关知识组织成完整的系统框，有目标、有步骤的学习。

——小蜜蜂月嫂服务中心会计 胡启慧

最先接触思维导图是在朋友圈里，微信好友推荐的，当时感觉和一本书的目录一样，就是把重要的事情写出来，不用深入研究也能写出来。出于好奇，我添加了"思维导图创始人-张兵"的微信，经过探讨，感觉和我想的不一样，抱着试一试的态度参加了众筹活动"每天一张导图"来锻炼自己，不是记下重要的事情就可以，还需要有一个条理清晰的思维来主导，还在继续学习。你要来试试吗？

——呼伦贝尔 李言超

学习思维导图其实很简单，一点都不难，诀窍在于用心和认真。兵哥出版这本书是我学习思维导图的重要"契机"，我就用大咖的新书或原创文章用心制作成思维导图来练手，结果居然把作者感动了，引起他的好评和转发、朋友的称赞，带给我很多高质量的朋友。思维导图能够解禁您"天马行空"的天赋。感谢兵哥！

——广东江海区微极客电子商务中心创始人 梁鑫凌

因参加张兵老师《思维导图之七星拳》众筹活动而有缘加入"职场思维导图VIP群"，近一个多月的时间和各行各业的朋友一起学习交流，掌握思维导图软件的应用方法，并每天制作一张导图加以实践。在思想上将零碎、杂乱的思路条理化、清晰化；在工作上将原本无序的时间支配模式程序化、高效化。一个人的成功源于独立的思考和极强的执行力，而《思维导图之七星拳》可以助你在这两个方面得以进步。

——项目主管 张铭鹏

读者推荐

早在2008年读大二的时候，参加过一堂快速记忆的培训课。课程结束那天，老师给我们show了些手绘的思维导图，科普了很高大上的脑科学。当时觉得思维导图是个很好的东西，但是自己当时没钱继续跟着学，也还没有通过互联网学习的意识，再加上自己手绘过几次导图，费时且不好看，很没成就感，就放一边了。近一年来，因为个人成长的迫切需要，想提升思维，机缘巧合关注到兵哥的微信，参加了兵哥《思维导图》一书的众筹。兵哥关于"一天干完一周工作"的分享，我虽然没能全部在线听到，但兵哥分享了很多提升工作效率的干货、耐心解答同学的提问。兵哥的敬业精神让我佩服，所以愿意投入时间跟随兵哥学习。兵哥几乎是手把手地教了思路、方法，我要做的是猛执行，因此参加VIP群的每天一图活动。我收获了"做事要搞清楚目的"，"没有输出的学习是浪费时间"，"最重要的事情只有一件"，"把别人教会是最快的学习方式"等很重要的思维方式。随着继续的学习，个人能力和工作效率的提升指日可待，我也可以像兵哥那样为别人创造更多价值！

——广州简道以明家馆教师 周良杰

2015年底，由于要进入一个新的行业，许多头绪理不清。在众筹了张兵老师的800元《思维导图高手》后，在VIP群里快速找到所需软件，又在视频里学到了老师十年经验累积的精华。给我印象最深的一句话:没有行动输出的阅读是无效的阅读。我不但掌握了如何做思维导图这项技能，更是感受到了老师的思想，把这些运用到孩子的个案中，使工作效率提高了好几级。

——进入家庭的教育实践者 戴江瑞

跟随张兵老师学习思维导图，一方面迅速提高了自己的理解、记忆、归纳、总结、整理能力，另一方面也使自己变得更专注、更高效，同时也更有自制力和自信心。这些良好的素质和心态，将成为我受用不尽的人生财富，帮助自己过上最想要的那种生活！

——电信职员 刘芳

思维导图高手

给你的大脑来一场思维风暴

目录

推荐序　如何成为思维导图高手（王通）　001
自序　007

第1章
思维导图原理

什么是思维导图　002
思维导图的原理　003
思维导图快速入门　007
如何提炼思维导图的第一层分支　011
选择什么思维导图软件　012
快速学会思维导图　016

第2章
大幅提升工作效率

用思维导图作高明的决策　024
解决问题的金字塔　030
用思维导图圆满完成任务（一）　033

038	用思维导图圆满完成任务（二）
042	用思维导图准备婚礼
044	用思维导图组织会议
047	用思维导图做会议记录
049	用思维导图管理人脉
052	用思维导图处理繁重工作
056	如何伺候好"慈禧太后"
060	学会吃番茄，工作效率高
062	提高自己的执行力
063	招聘不到员工怎么办

第3章
轻松搞定时间管理

070	用思维导图管理时间
072	快速掌握时间管理精髓
075	快速完成厌烦的事
077	轻松处理繁杂的工作
082	如何抓住工作的重点
083	记录时间的秘密
085	记录时间开销的巨大收获
086	你每天做的事

如何快速进入工作状态	088
一次性把工作做完	089
如何养成好习惯	090
让自己变得更好（一）	093
让自己变得更好（二）	094
让自己变得更好（三）	095

第4章
强化自我学习能力

用思维导图学习生物和化学	100
如何快速学习新事物	101
思维导图速读法（一）	103
思维导图速读法（二）	107
思维导图速读法（三）	111
思维导图速读法（四）	114
思维导图速读法（五）	117
思维导图速读法（六）	119
如何加深对文章的理解	121
增强对文章归纳总结的能力	124
如何做一本书的思维导图	126
框架阅读法，快速掌握一本书	127

第5章
有逻辑地表达和思考

136　如何拥有超强逻辑（一）
139　如何拥有超强逻辑（二）
143　有节奏地表达自己
146　有效地表达自己
148　根据情况确定谈话的深度
150　男人真不是好东西吗
153　骗子是用什么方法骗你的
154　让说话更有条理
156　效果惊人的MECE分析法
157　不学习MECE，思维导图就白学了
161　如何清晰地思考
163　用思维导图进行反省

167　后记

172　天使赞助名单
176　众筹支持名单

推荐序
如何成为思维导图高手

王 通

2014年初,思维导图的百度指数只有1000,短短一年,增长了3倍,看来思维导图越来越火了。思维导图的火爆,与一个人有着巨大的关系,他就是张兵。

在去年初,由我策划,张兵录制,北京三羌文化发行了国内第一套思维导图视频教程《思维导图七星拳》,在发行前,做了一次众筹,非常的成功,这套视频教程卖得也是非常的火。

另外,我撰写的几句广告语也非常关键,流传很广,就是:员工用Word,高管用PPT,老板用思维导图。

哈哈!每个人都想成为老板,所以大家都开始用思维导图了,不是老板没关系,可以先有老板的思维。

同时,思维导图确实非常棒!

在过去几年,我都是在用思维导图做方案,用思维导图写商业计划书,这是非常酷的一件事情。因为每次我给客户的方案只有一页纸,但是这页纸的信息量非常巨大,逻辑清晰,一目了然。

还有我身边的许多朋友,自从学会了思维导图之后,收入都增长了好多倍,这是一个非常神奇的工具。

不过,我发现绝大部分人都没有用好思维导图,做出来的思维导图乱七八糟,非常差劲,如图:

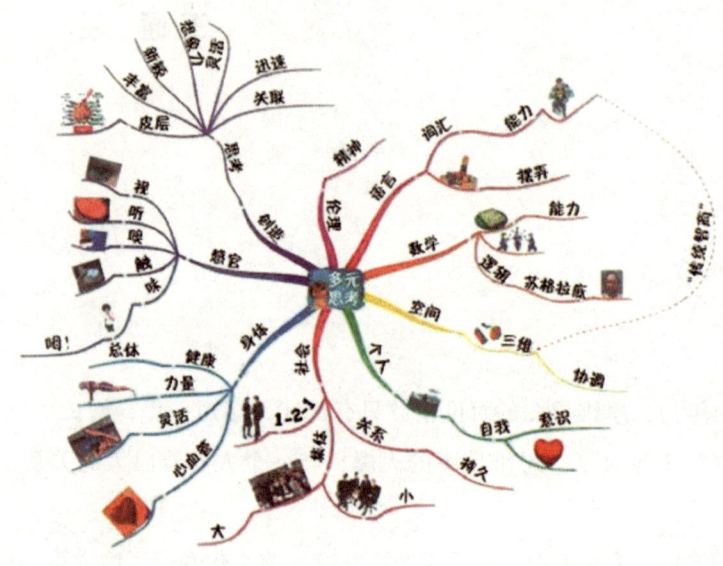

像这样的导图，看起来凌乱不堪，不方便记忆，不方便理解，不方便浏览。但是绝大部分的思维导图图书上教的导图，都是这个样子的，看起来有点儿弱智有没有？

如何才能成为思维导图高手呢？

第一步：你必须要有一套框架思维

张兵最初玩思维导图的时候，曾经被传统的思维导图教程误导过，有一次张兵来找我的时候，我看了他做的导图，立刻告诉他，你的导图必须要有逻辑框架才行，然后给他看了一张我的导图，让他理解框架思维。

我当初给他看的就是下面这张图：

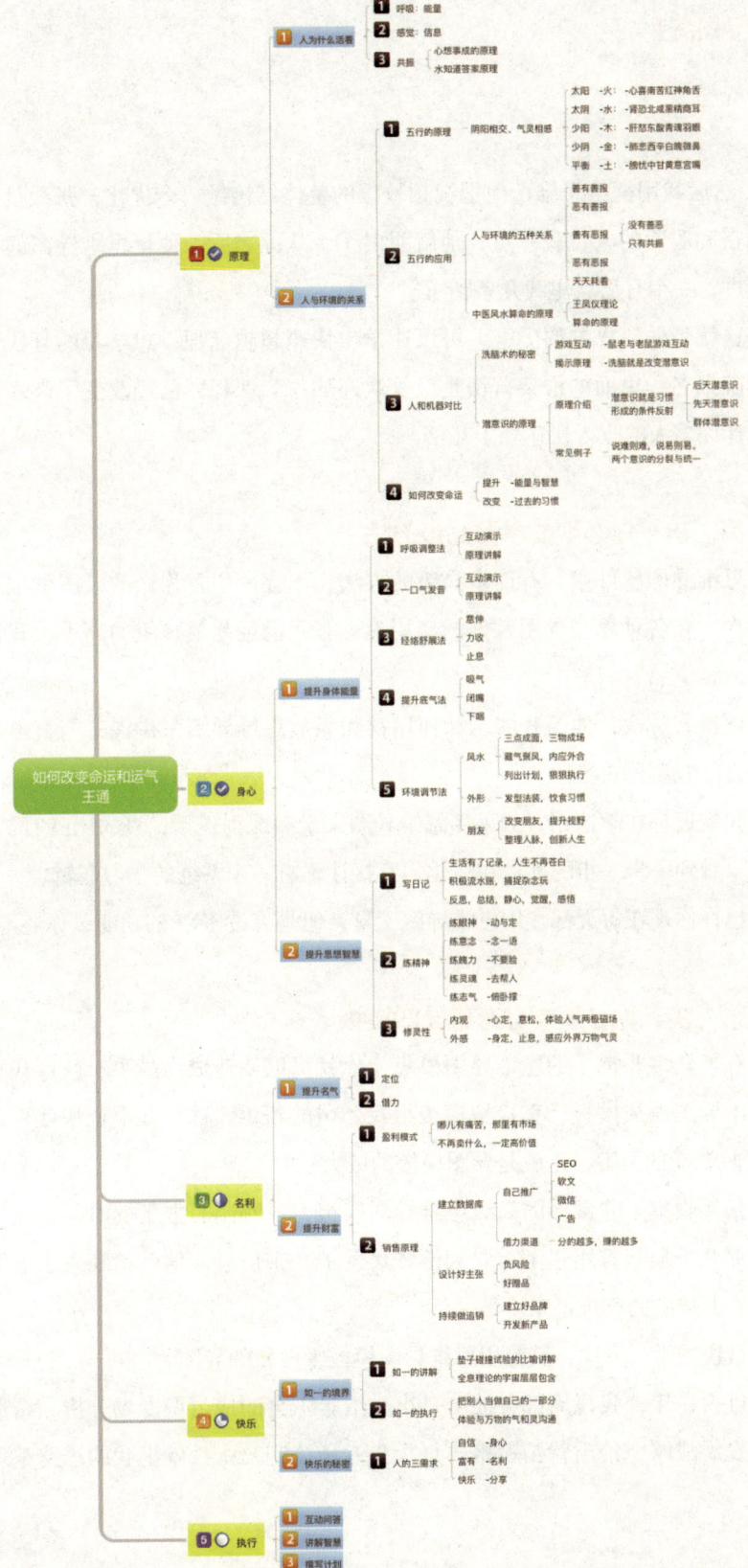

然后我用框架思维帮他把视频教程的整体结构做一个优化，张兵是一个非常勤奋和聪明的人，我一点，他就明白了，从此之后，他玩思维导图的功夫突飞猛进，一个月后就甩我几条街了。

这就是框架思维的厉害，可以让学生快速超越老师，想学习的赶快到通王商学院报名，里面的框架营销是最受欢迎的一个课程，已经改变了许多人的命运，让许多人的收入快速翻了几倍。

第二步：你必须要掌握高级方法

思维导图软件中，有许多高级的方法，不会使用，你做的导图就上不了一个档次。在各种思维导图软件的使用上，张兵已经是最顶级的高手，我现在都经常请教他。

记得有一次，他给我演示如何用视频播放思维导图来讲课，简直酷毙了，比播放PPT感觉好N倍！

我最近都在学这招，如果用思维导图来录制课程视频，真的比PPT酷，因为你可以看到一步一步的推进和演化，直接让你有一个系统的学习逻辑。

也许你现在每天都在用思维导图工具，但是有许多NB的功能，你还不会；

第三步：你必须要有海量导图模板

有了众多非常牛的思维导图模板，你就可以快速成为高手；就像我把方案用思维导图做成模板，直接把模板给我公司的新手，这个新手很快就可以做出一个非常NB的方案，这就是导图模板的威力！

张兵收集了非常多的高级思维导图模板，我刚刚写方案的时候，觉得电脑里面那几个模板都用烂了，立刻给张兵发了一个信息，他就给我发了近90个非常高大上炫酷的模板过来。

最快的学习方法，就是用思维导图模板来做新的导图。

过去一年，我每周都会抽出一小时给秦王会的成员做专场分析，帮助会员理清发展战略，给出营销策略。每次我专场搞完，张兵就把我的思路整理成思

推荐序
如何成为思维导图高手

维导图,这张图就是一个方案,直接和秦王会所有成员分享。

同时,每周秦王会成员也会做绝活分享,分享完后,张兵立刻做一张导图出来,清晰明了。现在秦王会共享中,已经有了一百多张导图,每一张都价值连城。许多导图,一张就价值过百万,里面的绝招能让你多赚许多钱。不过,这些导图不对外公开,只供秦王会成员学习,嘿嘿!

第四步:你必须要有一本《思维导图高手》

最近张兵要出一本图书,名字就叫《思维导图高手》,通过这本书,他把他的众多绝招都分享了出来。这是一本超级NB的图书,我建议每个人都要买10本,自己看一本,剩下的9本送给你最好的9个朋友。

不用说,这本书书名是我起的,广告语也是我写的,这本书的广告语,同样是非常NB!

广告语就是:成为思维导图高手之后,你可以:提升效率、提升收入、提升格局。

这广告语真的是太牛了,我自己看了,都忍不住想买100本送人。

如果你是一个老板,如果你是一个社群领袖,你就应该买200本,其中100本送给员工,提升公司的整体效率和收入;另外100本送给你的粉丝,直接让你的格局大到爆棚!

提前参与众筹的朋友,都会获得100套超级有价值的思维导图模板,另外在书中还会帮你宣传,同时会送你一个价值3万元的张兵思维导图高手训练营名额。感兴趣的朋友请加QQ: 2460047889。

自序

当你翻开这本书，恭喜你，你距离成为思维导图高手只差把这本书看完了。

一、这本书的定位是什么

没错，《思维导图高手》是一本让你快速成为思维导图高手的秘籍。

在学习思维导图之前，你要牢固树立一个观点：思维导图只是一个工具，一个让我们成为掌控生活高手的工具。因此在这本书中，我不像其他传播思维导图的"大湿"一样，跟你瞎扯脑科学和思维导图的关系，我是务实的人，因此这本《思维导图高手》不给你说虚的，只给你说实的。

在这本书中，我会细心地讲解思维导图的基本概念、如何通过思维导图提高工作效率、准备婚礼、组织会议、管理人脉、提高执行力、做好时间管理、做好快速阅读、提高逻辑思维，等等。总之，只有一个目的，让你通过学习思维导图，成为思维导图高手，进而成为掌控自己生活的高手。

二、这本书是怎么写成的

写这本书的初衷是，市面上写思维导图的书太多了，你在网上一搜索，会出来几十本关于思维导图的书籍，除了几本质量较高以外，其他的都是在浪费纸。我实在是看不下去了，所以一直想出一本思维导图实战书籍，不谈虚的，只谈干货，于是我决定开始写《思维导图高手》。

你也知道，写书是一件很痛苦的事，但我想这么痛苦的事不能一个人扛着啊，所谓的"独乐乐不如众乐乐，独苦苦不如众苦苦"，于是在2015年4月27日，我做了一个游戏，在网络上召集一群朋友一起来写书。规则很简单，大家都进一个QQ群，每人每天必须写出一篇与将要出版书籍相关的文章，如果谁没能在23:59之间将文章链接发到群里，那就给群里的其他朋友发500元红包。

这个方法很有意思，在招募书发出去以后，一共吸引了十几位朋友加入写书群，大家就开干了，于是我在每天写一篇的节奏下，用了三个月的时间，把这本书写出来了。

写一篇文章很容易，但每天写一篇文章非常不容易，因为会遇到很多打乱写书节奏的事，我就遇到过很多次。有一次是外出旅游，宾馆里没有信号，笔记本电脑连不上网。于是我只好多穿了一件外套，带着手机，走到有信号的路灯下，用手机一个字一个字地将文章敲出来。当时另外一个路灯下，一群也来旅游的年轻人正在欢快地玩着"天黑请闭眼"的游戏，这种反差让我的痛苦程度翻了10倍。

在写完《思维导图高手》以后，我想到一个叫"每天前进30公里"的故事。大约一百年前，有两支探险队约定同时朝南极进军，看谁先到达南极。一支队伍是来自挪威的阿蒙森团队（共5人），另一支队伍是来自英国的斯科特团队（共17人），结果5人的阿蒙森团队不仅第一个到达南极并且安全返回，17人的斯科特团队不仅晚了一个多月到达南极，并且在返程途中全军覆没。

事后，阿蒙森团队总结出他们和斯科特团队的一个重要的区别。全军覆没的斯科特团队在天气好的时候会走50-60公里，天气不好的时候就一直待在帐篷里，而成功了的阿蒙森团队只执行一个规定：无论天气好坏，每天前进30公里。正是靠着每天只前进30公里的策略，阿蒙森团队获得了成功。

三、如何使用这本书

这是一本小说体裁的实战书，是全国第一本采用小说的形式传播思维导图的书。书中塑造了兵哥这个思维导图高手带着一位名叫小萌的思维导图小白，借助思维导图，从低效率的新人逐步成长为能轻松掌控生活高手的故事，书中每一小节都会传授你一个思维导图使用策略。

你如何使用这本书呢？就像刚才我讲的故事中的阿蒙森团队一样，你每天做一张思维导图。做什么内容的思维导图呢？优先推荐使用《思维导图高手》这本书中提及的案例，模仿这些案例做一张导图。

如果你做不出来这种导图，那你可以每天做一张关于当天计划、一段读书笔记、每天的反省等简单的导图，但无论如何，从你买下这本书开始，你就要开始每天做一张导图。因此我一直对我的学员说：没有行动输出的学习是浪费时间。

最后，再说一下关于思维导图的一些事，思维导图和脑科学没有太多关系，你不用对思维导图有太多畏惧，放轻松，心中默念10遍：思维导图非常简单，只是我暂时还没有找到方法而已。

思维导图只是一个工具，希望你在《思维导图高手》的帮助下，早日成为掌控生活的高手。

思 维 导 图 高 手

思维导图原理

◆ **什么是思维导图**

什么是思维导图？

经常有人问我这个问题，说实话，这个问题很难定义。因为越简单的问题，它越接近本质，也就越难回答。

但我一直认为，比完美更重要的是完成，与其等待一个完美的答案，还不如先给出一个次完美的答案，解决你对思维导图的疑问。

我对思维导图的定义很简单：思维导图是一种通过梳理思路，从而让你获得清晰的头脑的思考工具。

从这个定义中你会发现，首先，思维导图是一种思考工具；其次，这个工具用来帮助我们梳理思路；最后，这个工具能够让我们获得清晰的头脑。

你可别小瞧一颗清晰头脑的威力。告诉你一个秘密，如何判断一个人工作中是否条理清晰呢？

那就看他的电脑桌面，如果他的电脑满屏都是各种软件的快捷方式，都是word文档和刚下载的文件，那这个人很有可能是一个思维混乱的人。

如果你拥有了一颗清晰的头脑，你会发现自己思考问题的速度会加快、思考问题会更加全面，并且能够大幅提高思考的质量。

由于切入的角度不一样，每个人对思维导图的理解不一样，从我十年的思维导图实践经验来看，思维导图的重要作用在于梳理思路。给大家推荐一个日本的牛人——佐藤可士和，他是日本著名品牌优衣库的设计总监。

第1章
思维导图原理

佐藤可士和出版过一本很棒的关于整理的书籍《佐藤可士和的超级整理术》，书中介绍了很多关于整理思路和整理工作的方法。由于他非常注重整理办公桌，所以他的办公场所整洁得简直令人觉得不可思议。在这种整洁的办公环境中，每个人的工作效率都会得到显著的提升。

清晰的头脑是一切工作的开始，而思维导图就是让你获得清晰头脑的思考工具，这就是思维导图的伟大意义。

◆ 思维导图的原理

小时候，在《语文》课本里学到对我影响非常大的一句话：学而不思则罔，思而不学则殆。

这句话强调了学习和思考之间的关系，我们学习任何一个领域，如果每天只是马不停蹄地学习，却不停下脚步来深入思考，这样的学习效果非常差。

对于思维导图这个领域，很多人使用了它以后都觉得效果非常好，但他们不知道为什么会有这样的效果。

为了弥补这个空缺，很多"大湿"都跳出来，举着"脑科学""开发大脑""神奇的右脑"等旗帜去迷惑人，把思维导图说得越来越玄，越来越吓人。这是为什么呢？利益驱动呗，只有把思维导图说得特别玄乎，这样才能赚钱。

其实兵哥我很为这些"大湿"捏一把汗，他们很多人刚高中毕业或者大学毕业，自己连什么是细胞突触、细胞有哪些分裂方式，都还没有搞懂，就开口闭口大谈特谈脑科学，看得我真着急。

兵哥是追求实际的人，有自己独立的思考，我知道思维导图的原理不是简单的脑科学。于是我不断寻找答案，很想知道思维导图为什么会有如此棒的效果，使用了思维导图以后为什么头脑会变得非常清晰。

为了找到答案，我深入研究国内外有关思考方法方面的研究成果，在深入研究香港哲学家李天命、水平思考创始人德博诺等大师的著作以后，我在德博诺的《六项思考帽》《六个思考框》《六双行动鞋》这三本著作中找到了答案。

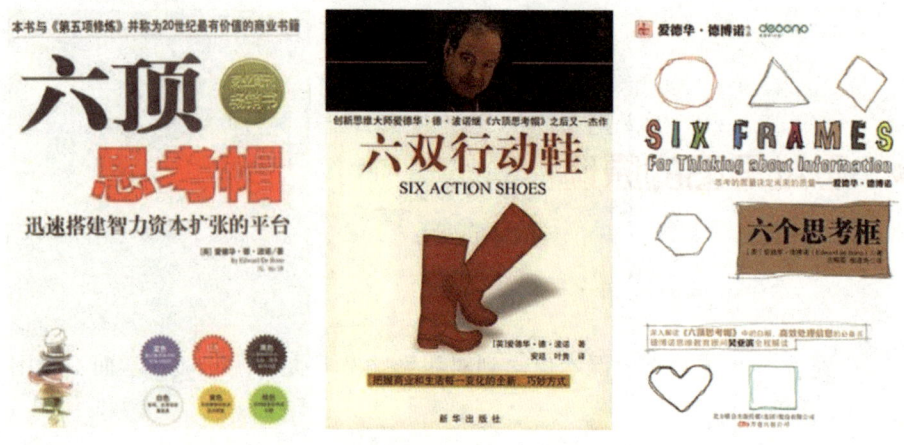

为什么思维导图会有如此棒的效果呢？

答案就是：在使用思维导图以后，我们可以将大脑从"多重任务模式"中解放出来，进入"单一任务模式"。

简而言之，就是让我们一次只思考一个项目、一个细节、一个方向、一个分支。

单一任务模式有什么好处呢？举个例子，如果你们老板今晚要招待几个重要客户，他让你去负责张罗这件事。

如果你没有使用思维导图，你可能一会儿想到要点什么菜，一会儿想到要喝什么酒，一会儿想到要定什么饭店……这么多问题朝你奔涌而来，你感觉大脑里一团乱麻。如果你是一个职场新手的话，很有可能把这次商务接待搞砸了。

第1章
思维导图原理

但是，如果你使用了思维导图，就可以迅速画出下面的商务招待思维导图。

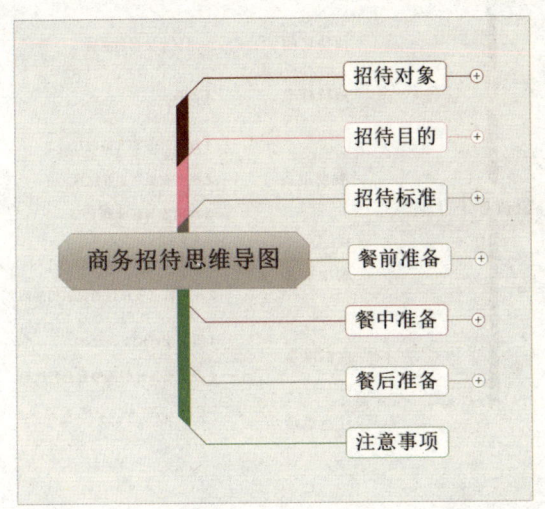

刚才已经说了，如果没有使用思维导图，那思考的时候会东想一点西想一点，你的大脑已经进入了"多重任务模式"，思考质量特别低。

现在有了上面的商务招待思维导图，你就可以从"多重任务模式"转到"单一任务模式"。你可以集中所有注意力去思考第一条，招待的对象是谁，是老板的好兄弟吗？是老板的普通朋友吗？

思考完第一条以后，你开始思考第二条，招待目的，老板招待的目的是什么，是和好兄弟聚聚吗？是和客户拉近关系吗？是求对方办事吗？

好，现在开始思考第三条，招待标准，当你明确了招待的对象和招待目的以后，招待标准就很容易领悟到了。

大脑进入了"单一任务模式"以后感觉怎么样呢？是不是感觉思考压力变小、思路变得清晰、头脑变得灵活了呢？现在你能理解思维导图为什么很有效了吗？

现在，将上面的商务招待思维导图补全。

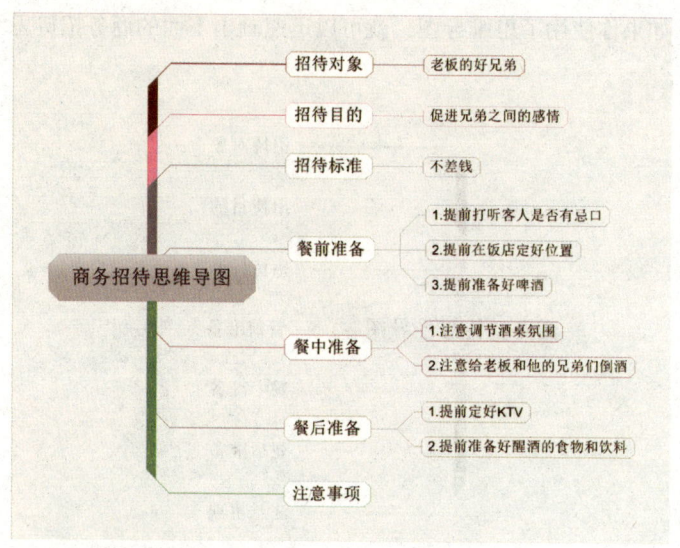

有人问我,思维导图可以用来做什么?

思维导图用途有很多,可以用于写文章、做策划、做计划、写书、传达工作、准备演讲、制作各种清单等。可以这么说,思维导图能解决你遇到的绝大部分问题。

无论我们想做什么事,都可以简单分为两个步骤:

第一步:透彻思考。

第二步:狠狠执行。

思维导图能帮助我们思考得更透彻、更扎实、更有效。

多思考吧,思维导图能提高你的思考质量。因此各行各业的人都应该使用思维导图,通过使用思维导图,让思考变得更轻松。

◆ 思维导图快速入门

前段时间有人问我,他从来没有学过绘画,画的图很丑,虽然接触思维导图一年多了,但还是不敢轻易动笔,怕画的图像太丑丢人。他问我该怎么办。

我一听就知道,这哥们儿又被很多思维导图"大湿"误导了。从目前思维导图培训领域来看,思维导图可以简单分为两个流派:一是绘画流思维导图,二是逻辑流思维导图。

什么是绘画流呢?就是追求思维导图的美观性,每次画思维导图就像画一幅油画,每个细节都是精雕细琢,每种颜色都是精心挑选,每个线条都是优美无比,比如下面这幅思维导图。

绘画流思维导图的优点有很多:

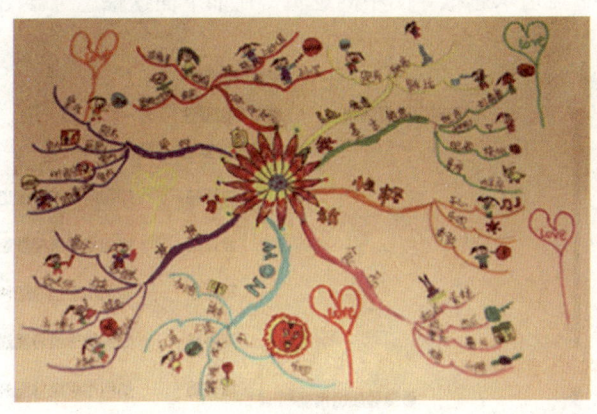

其一:图像精美。

其二:能够在一定程度上增强记忆。

但绘画流思维导图的缺点更多:

其一:浪费时间。比如上面这幅思维导图,手绘至少需要 30 分钟,但如果用软件来绘制的话,只需要不到三分钟就能搞定。

其二：浪费灵感。我们在绘制思维导图的过程中，会经常迸发出很多灵感，手绘的速度太慢，你正琢磨该选什么颜色的时候，灵感已经溜走了。

其三：不利于传播。画思维导图有两种用途，一是画给自己看，二是画给别人看。思维导图作为一种非常优秀的传播工具，很重要的一个用途就是与别人交流。手绘的思维导图固然精美，但这种纸质的导图不利于传播。如果是软件绘制的思维导图，就很容易在互联网上传播。

其四：不利于修改。在绘制思维导图的过程中，如果发现有什么错误，要么就是推倒重来，要么就是来回修改，这样效率太低了。

其五：重美观轻逻辑。在《思维导图的原理》一文中，我们知道思维导图的关键是其中的逻辑，而不是思维导图的外观，如果把大部分时间都花在绘制精美的思维导图上，这会误导很多人，以为靠着绘制漂亮的思维导图就能增强记忆力。

现在说说逻辑流思维导图，这种流派就是不追求线条的优美，不追求颜色搭配的合理，重点追求思维导图中的逻辑，比如下面这幅思维导图。

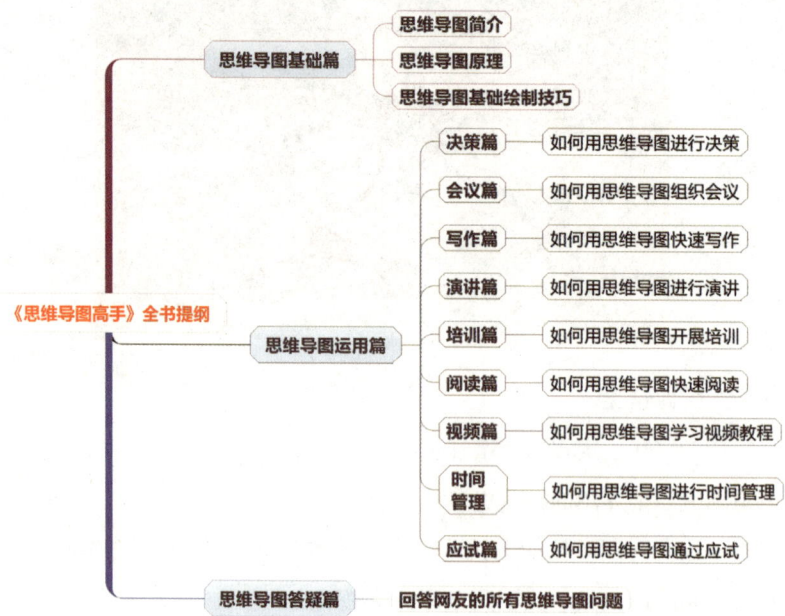

第1章
思维导图原理

　　这幅导图的中心主题是"《思维导图高手》全书提纲",第一级分支分别是思维导图基础篇、思维导图运用篇和思维导图答疑篇,这种导图虽然不是很精美,但是逻辑性很强,很实用。

　　逻辑流思维导图的优点太多了。

　　优点一:节省时间。现代社会是一个快鱼吃慢鱼的社会,运用思维导图软件,在重视逻辑的情况下绘制思维导图,你不会把宝贵的时间浪费在选择什么颜色的笔、绘制多少度拐角的线条、绘制什么样的笑脸上,而是把时间放在逻辑上,追求一招制敌,快速解决问题。

　　优点二:高效运用灵感。灵感对于我们很多人来说都非常宝贵,当大脑里有灵感出现时,我就把灵感记录在手机里。如果当时有时间,就快速绘制一幅图,将这个灵感落实到行动中。如果时间不允许,我就让这个灵感静静地躺在手机里,等有时间了再去处理。

　　优点三:利于传播。软件绘制的思维导图清晰、简洁,很适合商务交流和传播。

　　优点四:方便修改。软件上增删一个分支非常方便。

　　优点五:增强记忆。再次强调一点,你能否记住某个东西,不是因为它的线条是否优美,而是因为你厘清了这件事其中的逻辑。

　　我不追求花哨的思维导图,不追求美而无用的思维导图,我只追求简单、实用、有效的思维导图。

　　现在你已经明白思维导图的两种流派,下面教你思维导图的快速入门方法。在入门前,记住一句重要的话:比完美更重要的是完成。

　　第一步:在一张空白的纸上画出一个中心主题(实际上是在软件中,考虑到很多人还不会使用思维导图软件,你直接在纸上画出来就行)。

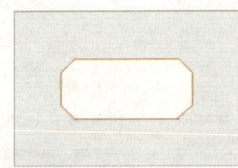

　　第二步:画出第一个分支。

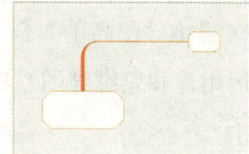

第三步：画出第二个分支。

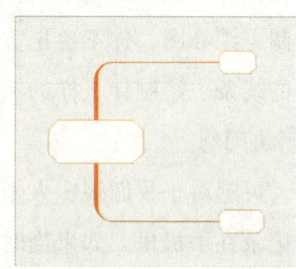

好了，一幅简单的思维导图就画好了。思维导图就这么简单。

你现在已经知道如何快速画出一个思维导图，现在你可以跟着我的案例，画一份个人简介。

第一步：画出中心主题。

第二步：画出第一个分支。

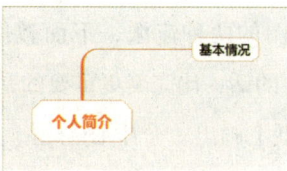

第三步：画出下一级分支。

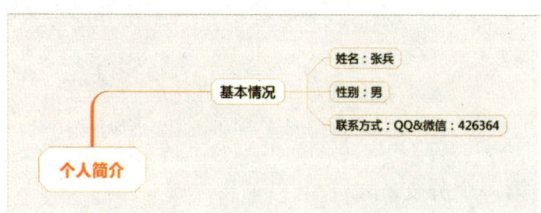

第四步：再画出下一个分支。

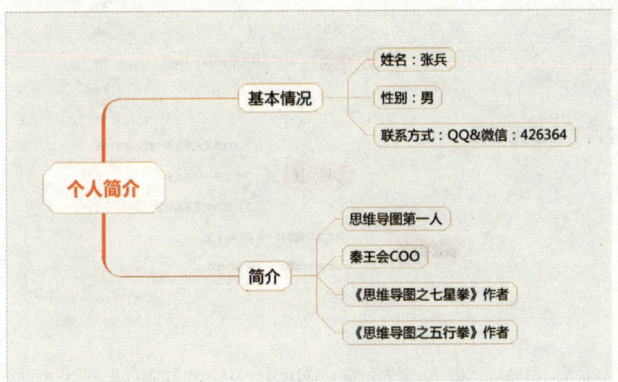

如果你还想完善自己的个人简介，那就继续重复下一步，继续画出下一个分支就行了。

◆ 如何提炼思维导图的第一层分支

微信上有位朋友给我留言，问我，思维导图的第一层分支是如何提炼的。

我认真思考了这位朋友的问题，试图找到他到底想问什么。后来发现，他是想知道，把思维导图的主题定下来后，要画多少个分支才合适。

其实画多少个分支都可以，关键是要看你这个思维导图是用来做什么的。这位朋友让我用如何学习思维导图作为例子，来说明思维导图的第一层分支如何提炼。

我立即用手机画了这样一个思维导图。

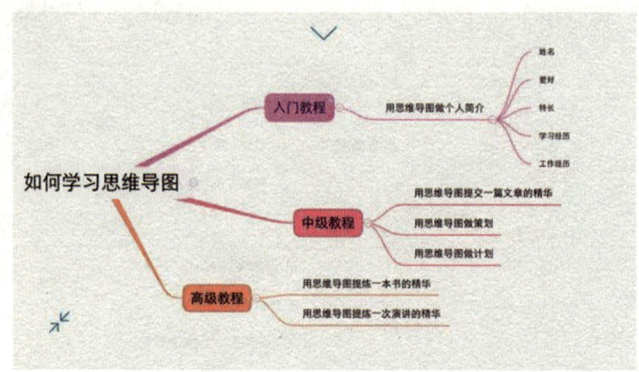

如何学习思维导图呢？有三个阶段：初级、中级和高级。

按照这样的分类，这个思维导图就有了三个第一级分支。

当然，学习思维导图还可以有其他的分类，比如按照时间分，可以分为第一个月学习内容、第二个月学习内容、第三个月学习内容……

我们还可以按照不同的老师分，分为跟随王老师学习、跟随张老师学习、跟随李老师学习、跟随马老师学习，这个思维导图就有了四个第一级分支。

总而言之，思维导图的第一级分支没有固定的数量，是根据不同的分类来确定。

◆ 选择什么思维导图软件

工欲善其事，必先利其器。

学习思维导图也是这样，一款适合你的思维导图软件非常重要，那具体该选什么软件呢？要看你有什么需求。不同的需求对应不同的软件，下面一一为你介绍。

第一款：mindmanager

推荐指数：五颗星

mindmanager是由美国Mindjet公司于1994年开发的一款经典思维导图软件，从最初的mindmanager1.0一直更新迭代到目前的mindmanager2015版本，功能非常强大。

优点：

1.装机率高。

这款软件是目前全球装机率最高的思维导图软件，它的好处就是，你做的导图文件，别人很方便打开，你也能快速打开别人发给你的软件。这个优点非常重要。

举个例子，现在电脑的键盘，从每个按键的使用频率来说，这样的布局是不合理的。很多常用的按键离手指很远，不常用的离手指很近。几十年前，有人对这种键盘的布局方式提出了挑战，重新设计了一款使用效率特别高的键盘，但这种键盘推向市场后反响不大。为什么呢？因为很多人都已经习惯了过去的键盘，并且由于过去的键盘市场占有率太高了，电脑厂商也不愿意配合去推广，所以新式的高效键盘最终还是没有推行开。

因此，兵哥强烈建议你使用mindmanager这款思维导图软件，以方便你和其他人交流思维导图文件。

2.商业气息浓郁。

mindmanager绘制出来的思维导图，线条很细，整个导图显得很大气、简洁，是商业人士必备的思维导图软件。

3.思维导图模板多。

一种思维导图模板，代表了一种思考方式，思考方式才是思维导图的精髓，其他的思维导图配色、线条等，都是次要的。判断一款思维导图软件效果如何，最关键的是看它自带的模式数量。mindmanager这款软件有五十多个模板，代表了五十多种高价值的思考方式。

4.适合做大型思维导图。

如果你刚接触思维导图，可能很难体会大型思维导图的重要性。我经常把长达8小时的培训内容都做在一张思维导图上，或经常把400多页的一本书都浓缩在一张思维导图上，这一切都靠mindmanager这款软件。

5.功能强大。

mindmanager可以和数据库相链接，可以和word、excel链接，可以使用强大的甘特图，可以开展项目管理。只要你具有死磕的精神，就能从mindmanager上找到很多让你惊叹的功能。

缺点：

1.线条种类不多。

2.色彩不够丰富。

第二款软件：imindmap

推荐指数：四颗星

这是思维导图创始人托尼·布赞亲自指导开发的思维导图软件，由于托尼·布赞非常崇尚颜色的搭配和线条的变化，所以这款软件的色彩做得非常漂亮。

优点：

1.思维导图创始人代言并认可。

这是目前唯一的一款被思维导图创始人托尼·布赞认可的思维导图软件，如果你非常崇拜托尼·布赞，那么这款根正苗红的软件很适合你。

2.导图非常漂亮。

这款软件线条非常接近手绘的效果，颜色搭配很鲜艳，线条非常优美，适合对漂亮导图有偏爱的思维导图爱好者。

3.可以插入漂亮的图片。

imindmap可以插入大量的精美图片，并且还能插入3D图片，这一点让人很震惊。

缺点：

1.软件启动速度慢。

这款软件开启所花的时间是mindmanager的三倍以上。

2.商业气息弱。

这款软件绘制的思维导图适合自己阅读，或者小范围阅读，不适合在正式的商业场合使用，显得不严谨。

3.不适合制作大型思维导图。

mindmanager这款软件你可以轻松往下做到第三级分支，就算做到第十级分支，思维导图的效果还是很不错的。但imindmap这款软件做到第三级分支就很费劲，如果做到第十级分支，那整张思维导图会显得特别凌乱，视觉效果特别差。这是一个非常致命的弱点。

第三款软件：百度脑图

推荐指数：三颗星

百度脑图是百度公司开发的在线思维导图，你登录网站以后，输入百度账号和密码就可以使用了。

优点：

1.同步性好。

当你在PC端的网页上做好思维导图后，点击同步，手机和平板电脑上都可以及时更新，这一点非常棒。

2.容易上手。

这款软件做得非常简单，上手性很强。

3.不用安装软件。

很多人想学习思维导图，但都苦于不会安装思维导图软件，现在好了，你再也不需要安装复杂的软件了，打开网页就可以立即使用。

缺点：

1.不适合制作大型思维导图。

这款软件适合新手使用，但不适合制作大型思维导图。

2.功能简单。

只能绘制基础的思维导图，不具备更高级的功能。

以上介绍了PC端的思维导图软件，现在简要介绍手机端的思维导图软件。

安卓手机推荐thinking space。

苹果手机推荐ithoughts，这是一款收费软件，目前售价68元，是一款强大到让你眼前一亮的软件，号称iOS平台最好的思维导图工具。

◆ 快速学会思维导图

新来的小萌好奇地问兵哥："兵哥，什么是思维导图？"

兵哥轻松地说："思维导图是一种让你头脑清晰的思考工具，也是我们公司内部通用的一种交流工具。今天是你进入我们公司的第一天，我正准备给你简要介绍一下公司的情况，刚好说思维导图这个话题，我现在就开始说吧。

"思维导图是英国人托尼·布赞发明的一种高效的思考工具，目前全球很多500强企业都在运用思维导图。

第1章
思维导图原理

"我们公司的员工以前工作效率也很低,学习了思维导图以后,现在每个人都是思维导图高手,工作效率非常高。我们的口号是'导图牛逼,思路清晰'。"

小萌一听就乐了,连忙说道:"兵哥,这句'导图牛逼,思路清晰'太搞笑了。"

兵哥也笑着回应:"思路清晰是开展一切工作的前提。无论你是想组织一次聚会,组织一次会议,还是写一篇文章,如果思路混乱,你是很难把这些事做好的。反之,如果你思路很清晰,你会发现自己的工作效率非常高。"

兵哥说完后看了一眼小萌的办公桌,皱着眉头说:"小萌,你的办公桌太乱了,电脑桌面上也是密密麻麻的文档。兵哥我有话直说,你以前工作效率应该很低,并且生活缺乏条理,对了,你今天穿的袜子颜色都不对,一只灰色的、一只黑色的。"

小萌看了一下自己的袜子,又看了一下电脑,脸一下子就红了。

兵哥继续说:"思维导图现在已经成为我们公司上下通用的工具,我们用思维导图来组织会议、组织演讲、组织郊游、组织聚会、写文案、进行时间管理、组织读书会、学习视频教程。"

小萌赶紧问道:"兵哥,你说的这一切我都可以学会吗?"

"当然能够学会,我们公司成立了一个思维导图商学院,专门培训像你这样的职场新人,通过三个月的训练,你就能由职场新人快速成长为职场高手。"兵哥回答。

听完兵哥的回答,小萌感觉心里美滋滋的。因为小萌今年7月份刚从大学毕业,自己还是白纸一张,工作效率很低,也不知道如何处理好工作中遇到的问题,现在好了,可以进入思维导图商学院学习,心里的大石头终于能够放下了。

"兵哥,怎么样才能快速学会做思维导图呢?有没有什么捷径?"小萌问兵哥。

兵哥笑着说:"我基本上每天都会收到这种提问,问我如何快速学会思维导图，我今天就教你两个方法。

"方法一：请教该领域的牛人。正如托尼·罗宾逊所说的那样：许多伟大的领袖已经证明，掌握任何技能、策略或目标的最快方式，就是照着前面的人开辟的路走下去。如果你能找到已经拿到你想要的结果的人，并且采取跟他们一样的行动，你也可以获得同样的结果。

"牛人在这个领域已经摸爬滚打十几年甚至几十年，他们深知这条路上哪里有陷阱，哪里有捷径。我说过，选择比努力更重要，牛人们稍微给你指点一下该做什么，不该做什么，给你指点一下方向，能让你少走几年弯路。

"不过，很多教思维导图的大师都鼓励你画色彩缤纷、奇形怪状的思维导图，他们认为这样的思维导图能刺激你的右脑，让你更好地理解思维导图。这就是一个学习思维导图的大坑。

"很多人经常跟我说，他们没有绘画的功底，怕画的思维导图很难看，所以一直不敢动手画，怕自己画的思维导图不符合规矩。

"对于思维导图新手而言，思维导图没有任何规矩，想怎么画就怎么画。你要记住一句话，比完美更重要的是完成，先完成你粗糙的思维导图，然后再去将它做到完美。

"但很多大师却反其道而行之，让你一上来就先完美你的思维导图，再让你学会完成思维导图。这种做法是效率最低的。

"如果你是思维导图新手，只要画出这样几幅思维导图，你就可以快速入门了。第一，用思维导图做一个自我简介；第二，用思维导图画出你未来五年的人生计划；第三，用思维导图画出你一天的工作计划。"

"兵哥，我有点儿明白了。"小萌说。

兵哥耐心地讲道："我们想要学会任何一项技能，核心的方法就是将这项技能分解，一直分解到自己能够上手为止。比如弹吉他，可以将这项技能分解为左手技能和右手技能。左手负责按住弦，右手负责扫琴弦。如下图所示。

第1章
思维导图原理

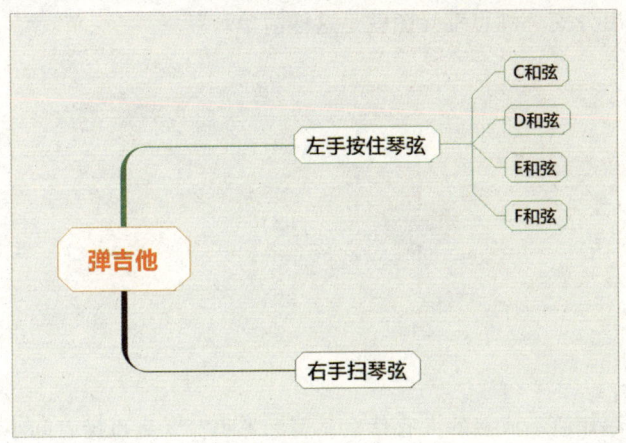

"作为新手,你重点掌握几个和弦,然后运用这几个和弦弹出一首歌,比如《小星星》。"

小萌有些疑惑:"兵哥,为什么我要先弹一首《小星星》,而不是把所有和弦都学完以后再弹一首曲子呢?"

兵哥解释道:"你要知道,我们学习任何一项新的技能,阻碍我们的不是我们的技术,而是我们的恐惧,我们担心自己学不会,担心自己很愚蠢,担心自己很笨。

"而如果一开始就学会弹《小星星》,你会很惊喜自己居然能弹一首完整的曲子了,这种兴奋和成就感能够让你树立信心,并且会告诉你的潜意识,这件事挺简单。

"学习思维导图也是一样,很多人觉得思维导图很好,但就是不敢学,重要的原因就是觉得思维导图很难。想成为思维导图高手的确很难,我也是在思维导图上摸索了十年,才开始理解思维导图的精髓。

"但对于新手而言,你不用一下子就成为思维导图高手,你可以通过画几幅简单而完整的思维导图,树立自己在思维导图方面的信心,这种信心非常重要。

"如果把思维导图的技能分解,可以分解为两个子技能。第一:画出主题。第二：画出分支。画思维导图就是这样简单。"

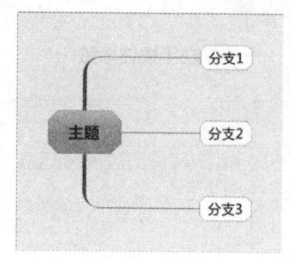

"小萌，你知道不成熟的人有什么显著标志吗？"兵哥接着问小萌。

小萌迷茫地摇摇头。

兵哥说："不成熟的人有很多标志，我觉得很重要的一个标志就是要求立即回报。

"比如看到别人弹得一手好吉他，于是心痒痒也想学习，便跑到乐器店买来一把吉他，然后在网上下载一段学吉他的视频。学了30分钟后觉得弹吉他太麻烦，看不到效果，过不了几天就把吉他卖了。

"比如想学习蛋糕烘焙，把各种原料买来，下载几个做蛋糕的视频，学了几次发现自己做的蛋糕不好吃，便果断放弃。

"比如看到别人因为创业赚大钱了，于是到处找项目，也想自己赚一把。找到好项目以后，折腾了几天发现也没有赚什么钱，便果断放弃。

"简而言之，不成熟的人就是心太着急了，总想不劳而获，总想凡事立竿见影，总想付出后就立即有回报，如果发现没有回报，便果断放弃。

"他们不尊重大自然的规律，要知道，种子在春天播入土中，需要夏天施肥、除草、打农药，然后秋天才能有收获。他们想今晚播种，明天上午就立即有收获。

"学习思维导图也是一样，很多人一上来就问有没有速成的方法，总想在一天内就学会思维导图。为了解决大家的这个问题，我录制了五小时的思维导图视频，能让大家在五小时内成为思维导图高手，但真正把视频全看完的没有几个。

"小萌，我们不要想凡事立即有回报，不要追求立竿见影，要学习积累，学会有耐心。我们共勉。"

听了这番话，小萌暗暗下了决心，一定要把思维导图学好，用好。

思 维 导 图 高 手

大幅提升工作效率

◆ **用思维导图作高明的决策**

"烦死了,你的这个问题已经问过我很多遍了,别再问我了!"小萌朝着电话那头吼道。

"怎么了,发生了什么事?"听到吼声的兵哥推开了小萌的办公室门。

小萌一看是自己的领导,红着脸说:"是这样的,我表姐目前在一个小单位上班,待遇一般。她想辞职,但又担心出来后找不到工作。她的这个问题已经问了我很多遍,我也不知道怎么办。刚才她又打电话来问我,所以我很心烦。"

兵哥看着小萌的样子哈哈大笑:"我以为是多大的事,原来是关于辞职的事,想处理这件事很简单啊,画一个思维导图作个决策不就得啦!"

小萌灵机一动,对兵哥说:"兵哥,刚才你说可以用思维导图帮忙决策,刚好我表姐说想晚上请我吃饭,你看今晚有空吗?能一起吃个饭顺便演示一下吗?"

兵哥想着今晚没有什么要紧的事,一起吃个饭也行,顺便给小萌做一下岗前培训,便答应了小萌的邀请。

晚餐时间到了,三个人吃完一顿西餐后,兵哥拿出了自己的笔记本电脑。兵哥问小萌的表姐小雯:"你最近遇到了什么问题呢?"

小雯一听有人问自己工作的事,便开始倾诉自己的遭遇:"我在这个单位工作一年多了,感觉没什么前途。我想辞职去创业,又担心自己能力和资源还

第 2 章
大幅提升工作效率

不足。想去考研,又担心考不上。每天都生活在这种纠结中,非常痛苦。"

兵哥耐心地听完小雯的倾诉后说:"你的大概情况小萌已经跟我说过了,我现在用PROACT决策方法帮你理一下思路。"

小萌和小雯疑惑地问:"什么是PROACT决策方法?"

兵哥边打开电脑边说:"PROACT决策方法是美国人约翰·哈蒙德在《决策的艺术》中提到的一种方法,非常管用。我们公司从上到下都在使用这个工具。"说完,便把电脑上这张思维导图给小雯看。

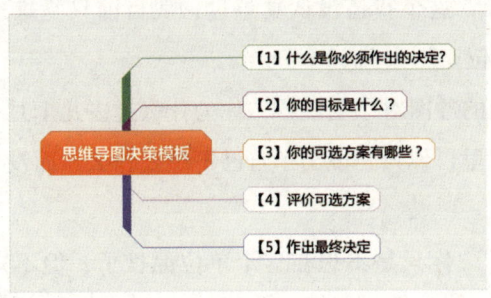

兵哥接着说:"为什么很多人作决策的效率很低,决策的质量也很低呢?一个重要的原因就是,他思考的时候是眉毛胡子一把抓,一会儿想东一会儿想西。

"现在将PROACT决策方法和思维导图配合起来使用,思考的时候就不会眉毛胡子一把抓,而是一次只思考一个分支,让我们的大脑进入高效的'单一任务模式',对问题逐个击破,从而提高思考效率,提高思考质量。"

兵哥问小雯:"上面的这张图,你看完后有什么感想呢?"

小雯不好意思地回答道:"大概懂了一点,有些细节还是不太明白。"

兵哥说:"我现在用你是否辞职的这个困惑来做演示。我们先进行第一个问题,什么是你必须作出的决定?"

小雯说:"这个问题其实还挺难回答的,我从来没想过自己要作的决定是什么。"

兵哥笑着对小雯说:"今天与你分享一个很重要的法则,吉德林法则。"

025

小萌疑惑地问:"兵哥,吉德林法则是什么呢?"

兵哥说:"吉德林法则是美国通用汽车公司管理顾问查尔斯·吉德林提出来的法则:如果能把某个问题清清楚楚地写下来,那这个问题就已经解决一半了。我们作决策也是这样,第一步先明确自己要作什么决定。"

小雯想了一会儿,回答道:"我目前必须作出的决定是,是否现在就辞职创业。"

兵哥说:"好的,我们回答下一个问题,你的目标是什么呢?"

小雯:"目标?这个我还没认真想过,我目前只是嫌现在的这个单位不好,想逃离这个单位。"

兵哥指着电脑的导图对小雯说:"你为什么过去几个月一直在纠结是否辞职呢?原因就在这里,你只是说出了自己不想要什么,而没有想清楚自己想要什么。"

兵哥继续说:"你只是不想在这个单位混日子,但不知道自己最想要什么。你再好好思考一下自己想要什么。我们无论作什么决策,必须明确自己的目标。目标越明确,就越能更快地作出决策。"

小雯认可地点了点头:"的确是这样的,我一直强调自己不要什么,但没想好我到底要什么。让我好好想想。"

过了几分钟,小雯对兵哥说:"我想到了,我想自己开一家婚纱摄影店,按照自己的想法给客户拍出有创意的婚纱照。"

兵哥听完后,在电脑上把思维导图补充了一下。

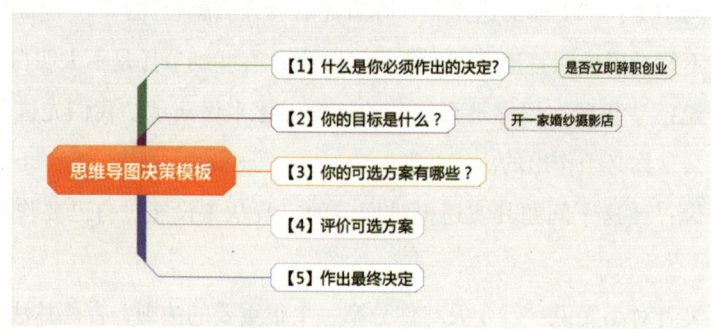

第 2 章
大幅提升工作效率

兵哥接着问小雯:"你现在可以选择的方案有哪些呢?明确自己的可选方案也很重要,因为无论我们作什么决策,无非就是在已有的可选方案中,选出最佳的那个方案。"

小雯想了一下说:"我现在的可选方案一:在现在的这家婚纱摄影店继续工作,继续给老板打工。可选方案二:辞职后开一家婚纱摄影店,自己当老板。"

兵哥问道:"还有其他可选方案吗?如果你只有这两种可选方案的话。你当然会陷入纠结,因为两种方案都会让你很痛苦。"

小雯想了一会儿,无奈地摊着手说:"我真的想不出其他方案了,兵哥你能指点一下吗?"

兵哥耐心地问道:"当你不知道还有什么可选方案的时候,那就问自己作这个决定的目的是什么。正所谓不忘初心,方得始终。

"我们回到思维导图的第二步,你的目标是开一家自己的婚纱摄影店,你觉得开一家婚纱摄影店需要哪些重要的因素呢?"

小雯认真地回答道:"需要钱啊,需要人啊!"

兵哥说:"对于创业者而言,创业必备的因素是资源、思路和执行力。资源包括人脉资源和金钱资源,你现在缺这方面的资源。你的目标是开一家婚纱摄影店,因此你现在需要积累摄影行业的人脉资源。这些人脉资源包括摄影圈的人脉和客户人脉。

"刚才你的可选方案只有两个,我给你第三个可选方案。那就是继续待在这家单位,但要以自己是老板的心态来处理工作中遇到的问题。遇到问题就思考,如果自己开店遇到这样的情况该怎么办,这样你既学到了创业必备知识,风险也很小。此外,你可以现在就借助老板的平台积累你的人脉,为以后出去单干打下基础。现在我们来整理一下这个思维导图。"

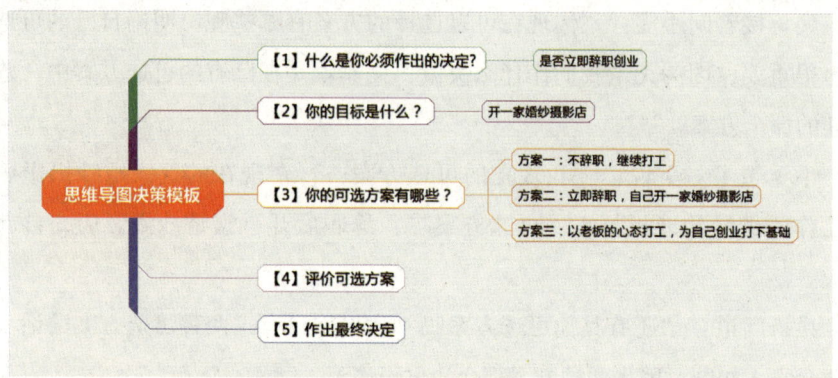

小雯看了这个导图感叹道:"看了这个导图,我感觉思路变得清晰了,以前大脑都是昏昏沉沉的,现在感觉特别清晰。"

兵哥笑道:"当然有效了。好了,我们进行第四步,评价刚才的可选方案。这一步要做的事就是评价各个方案的优点和缺点。"

经过十分钟的讨论,兵哥、小萌和小雯得出了下面的这张思维导图。

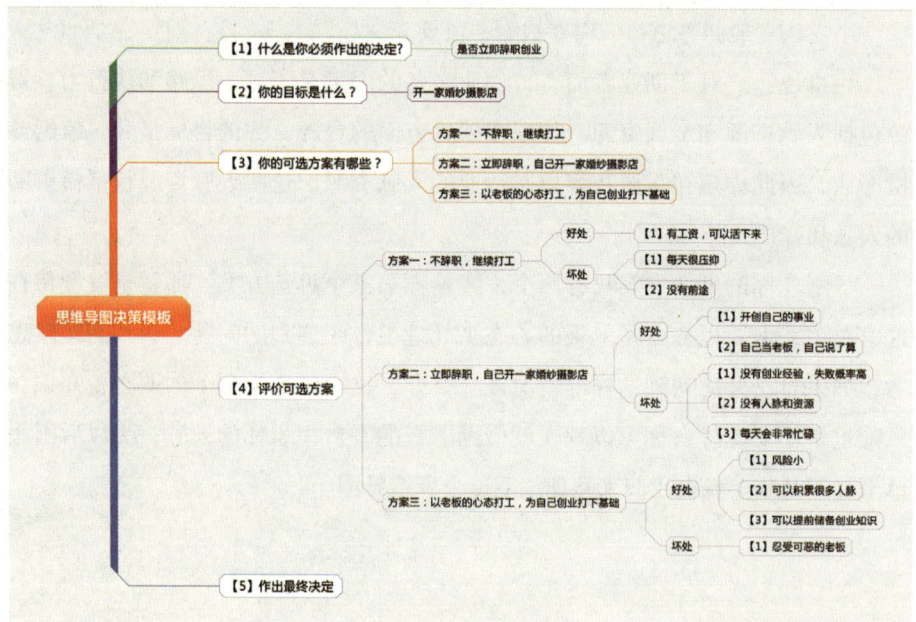

第 2 章
大幅提升工作效率

小雯看着这张清晰的导图，高兴地对兵哥说："兵哥，经过分析三种可选方案的好处和坏处，我已经知道自己该做什么了，那就是继续在这个婚纱摄影店工作，等积累了人脉、资金和创业经验后再出去单干。"

兵哥看到小雯开心的笑容，觉得非常有成就感，于是说："能够帮助到你我就很开心了。"

小雯感激地回答："感谢兵哥的指点，PROACT决策方法搭配思维导图，只用了20分钟，就解决了困扰我两个月的难题。思维导图太神奇了，我一定要好好学习。"

兵哥笑着回答："我们公司有思维导图商学院，欢迎你随时来学习。"

小萌看到表姐的问题得到解决，自己也露出了笑容，不过她还有一个疑问："兵哥，这个PROACT决策方法的确非常棒，但我作每一个决策都要把五个步骤走一遍吗？"

兵哥边收拾电脑边回答道："当然不是了。按照2080定律，我们需要把80%的精力放到20%的重要决策上，把20%的精力放到80%的普通决策上。我们生活和工作中的大部分决策都是很普通的，你一般只需要用到PROACT的前2~3步，问清楚自己到底要作的决定是什么，自己的目标是什么，就能解决遇到的大部分问题啦。"

小萌满意地点了点头："明白了，兵哥。我以后会经常使用这个决策方法。"

兵哥回答道："作决策对于每一个人来说都非常重要，我们的生活都是由一个个决策决定的，作决策的质量决定了你生活的质量。"

兵哥接着说："好了，今晚时间也不早了。明天再见。"

小萌和小雯收拾了自己的随身物品，三人开心地走出了餐馆。

◆ 解决问题的金字塔

"兵哥,我昨晚回家后实践了PROACT思考方法,感觉头脑比以前更清晰了。"小萌在走廊上对正在喝咖啡的兵哥说。

兵哥拿着咖啡,微笑着说:"昨晚给你和小雯介绍的PROACT决策方法,只是我们思维导图商学院培训课程的一小部分,后面会有更多的好方法教给你。"

小萌一听,眼睛都变亮了,赶紧问道:"兵哥,那今天你要教我什么方法呢?"

兵哥看小萌有这么强的求知欲,于是放下手中的咖啡杯,说:"看你这么好学,今天兵哥我传授给你一个思考的绝招——解决问题的金字塔。"

小萌好奇地问道:"什么是解决问题的金字塔呢?"

兵哥一边打开电脑一边说:"这是一种高效的思考方法。如果你掌握了这种方法,以后无论面临什么问题,你都能快速厘清思路,迅速抓住问题的要害。"

兵哥继续说:"日本出版过很多提高工作效率的书,当然,台湾也出版了很多这方面的书,建议你有空多看看。对了,你听说过5W2H没有?"

小萌看这是一个表现自己的机会,便认真地回答道:"5W2H就是,why,what,who,when,where,how,how much,这个在大学的时候就学过了。"

兵哥看着小萌骄傲的表情问道:"你知道它们之间的关系吗?"

小萌傻眼了,自己还从来没有认真思考过这个问题,便回答说:"我只是听过,但还没认真思考过。"

兵哥说:"没事儿,从现在起你就知道这几者之间的关系了,先来看看这张图。"说完,兵哥指着电脑里的一张图。

第2章
大幅提升工作效率

小萌看这张图这么简单，不屑地说："这么简单的一张图，也没什么大不了的。"

兵哥看出小萌对这张图的不屑，于是换了一个话题："你听说过云南白药吗？"

小萌说："听过啊，中国人都知道云南白药，不过据说它的配方是国家级机密。"

兵哥说："是的，其实从云南白药的配方上来看，你会发现云南白药是由散瘀草、苦良姜、田七、穿山甲等十几味中药组成。看似很简单，但具体这十几味药该按什么比例搭配，就是绝密了，这个配方价值几个亿。

"和云南白药类似，why、what、who、when、where、how、how much这5W2H看似很简单，但这七个单词有几百种排列方法，刚才给你看的解决问题金字塔，Why-What-How，就是非常有效的排列方法。"

小萌听完后很羞愧，轻声地说："兵哥，我明白了。"

兵哥看小萌已经认可解决问题的金字塔的价值，便继续说："Why是'为什么'，也就是做一件事的理由、原因、目的、目标。这是金字塔中最重要的部分，不忘初心，方得始终，我们解决所有问题的出发点就是这里。

"What是'什么'，也就是为了实现上述目的我们要做的事。How是'怎么做'，也就是怎么做才能完成要做的事。举个例子，你现在肚子很饿，你走到夜市里准备吃点东西，你可以画出这样的思维导图。"

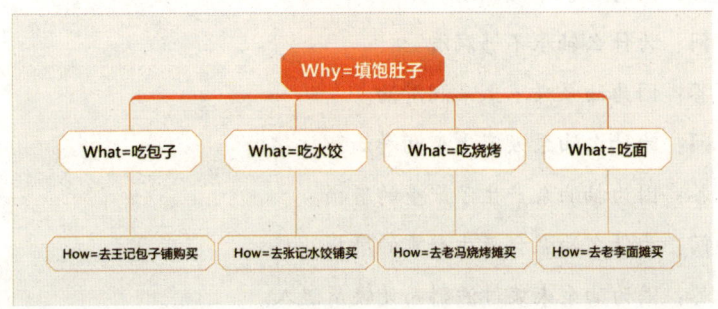

小萌一看这张思维导图，顿时觉得思路很清晰，和兵哥说："Why——What——How，它们三者的关系就是：目的——要做的事——具体的方法。"

兵哥满意地点了点头："看来你的领悟能力很强。这张图最高层次是为什么，中间层次是做什么，最低层次是怎么做。处于不同层次的人会拥有不同层次的答案。小萌，你应该听过很多人说，我们要拥有独立思考的能力，但如何才能拥有独立思考的能力呢？方法之一就是多问自己为什么。"

小萌点了点头说："是的，很多时候我只是埋头苦干，很少去思考为什么。"

兵哥继续说："多问几个为什么，包括两种问法，一是问为什么背后的为什么，也就是不停地向上问为什么。二是问同一个层次的为什么。我们先来看第一种问法，为什么背后的为什么。曾经有这样的一个故事："

"有一天，丰田汽车公司的一台生产配件的机器在生产期间突然停了，经检查，是因为保险丝烧断了。正当一名工人拿出备用的保险丝准备去换的时候，一名管理者看到了这个情形，他决定运用一系列的提问来解决这个问题。"

问：机器为什么不转动了？
答：因为保险丝断了。
问：保险丝为什么会断？
答：因为超负荷而造成电流太大。
问：为什么会超负荷？
答：因为轴承不够润滑。
问：为什么轴承不够润滑？
答：因为油泵吸不上来润滑油。
问：为什么油泵吸不上来润滑油？
答：因为抽油泵产生了严重的磨损。
问：为什么油泵会产生严重的磨损？
答：因为油泵未装过滤器而使铁屑混入。

第 2 章 大幅提升工作效率

"事故的真正原因找到了,就这样,给油泵装上过滤器后,就再也不会造成机器超负荷运转了,也就不会经常地烧断保险丝,机器也就能够正常工作了。我们用思维导图可以这样表达这个过程。"

兵哥耐心地对小萌说:"这就是多问自己几个为什么的力量,你问得越深入,问得越透彻,越能够接触到问题的本质,解决问题越能够达到事半功倍的效果。"

小萌听完这个故事很受启发,对兵哥说:"感谢兵哥,这个故事很有用,我一定用心思考这个解决问题的金字塔。"

兵哥说:"解决问题的金字塔看似很简单,但效果非常好,如果什么事情都按照Why-What-How的顺序来思考,你会变得非常强大。今天就先给你培训这些内容,你先去消化一下。我过几天给你讲解如何将这个方法用于解决工作和生活中遇到的问题。"

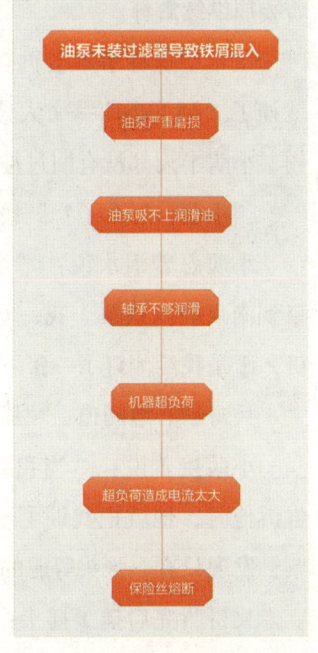

◆ 用思维导图圆满完成任务(一)

"为什么不买一张机票?"电话那头的声音穿透了整个办公室。

"对不起,王总,我考虑到机票有些贵,所以就……"小萌委屈地解释着。

"谁让你考虑机票的价格了？"电话那头依然咆哮道。

"实在对不起，王总，我这方面没有经验，我下次一定注意！"小萌强忍着委屈继续解释。

"希望这种事不会再有下次！"刚说完这句话，对方的电话"啪"的一声就挂了。剩下小萌一个人傻傻地站在电话旁，被单位的王副总经理这样骂了一顿，小萌半天都没有回过神来。

"小萌，怎么了？"兵哥站在办公室的门口问道。

小萌忍着泪水说："今天王总给我打电话，让我帮他订一张下午2点从北京到南京的高铁票。我一看票卖完了，不知道该怎么办，给王总打电话他又关机，于是我给他订了一张下午4点的票。"

兵哥耐心地问道："那王总为什么会把你训一顿呢？"

小萌接着说："当我终于打通王总的电话，把订了下午4点的高铁票的事告诉他时，他就把我训了一顿。他问我为什么不买飞机票，我当时查了一下机票，发现只有一张头等舱的票，并且价格很贵，所有就没有订机票。"

兵哥听完后摇了摇头："看来你没有认真领会领导的意图。前天我们开会快结束的时候，王总还和大家说，等他在北京办完事，要去南京参加大学毕业十周年的同学会，你当时没有听到吗？"

小萌委屈地回答："我哪儿管他的私事啊？"

兵哥一听小萌的犟脾气上来了，便把语速放缓："小萌，很多问题我们暂时想不明白，是因为我们没有站在对方的角度考虑问题。十年后，当你当了单位的副总经理，你也希望你的下属尊重你，把你说的每句话都放在心上。"

听兵哥这么说，小萌叹了一口气："唉，好吧。我下次注意。"

"对了，兵哥，你光安慰我还不够，还要教教我怎么把领导交代的工作做好呢。我就不信我干不好这些工作！"不服输的小萌说道。

兵哥看小萌又恢复了斗志，便说："那好，你现在到我的办公室，我再给你分享一下工作技巧。"

小萌一看自己的师父又要教绝招了，于是开玩笑地问："不会又让我看你的电脑吧？"

兵哥不假思索地回答："当然了，不看电脑看什么？"

"兵哥，上次听说你学过记忆术，能把很多事情都记在脑子里，那为什么你要把这些东西都存在电脑上呢？"小萌疑惑地问。

兵哥笑着解释："比记不住更痛苦的是忘不掉。别想着学什么记忆术了。小萌，你要记住，我们的大脑是用来思考的，不是用来记东西的。"

兵哥继续问小萌："你的电脑一共有几个盘？"

小萌回答道："一共有四个盘。C盘、D盘、E盘、F盘。"

兵哥继续问道："你的这些盘都是怎么分配的呢？"

小萌不知道兵哥为什么会问这些问题，但她还是用心地答道："C盘主要用来装系统，D盘用来装电影，E盘用来装工作文件，F盘用来装照片和各种游戏。"

兵哥继续问："你会把电影和游戏装到C盘里吗？"

小萌赶紧摇摇头："傻子才会做这样的事。把电影和游戏装到C盘，电脑就会卡死。"

兵哥笑着说："对啊，看来你是很懂这个道理的嘛。人的大脑就像C盘，主要是用来进行思考的。就像我们不能在C盘里放电影、游戏一样，我们也不要在大脑里放太多东西。当你大脑里有什么想法的时候，你不要让这些想法在你的大脑里盘旋，这会严重影响你的思考速度和思考质量，你要把它们写在纸上，记在电脑里，让大脑随时处于清空的状态。"

小萌恍然大悟："怪不得，我经常看兵哥你在纸上写东西，原来你是在把大脑里的想法都记下来啊。"

兵哥说："是的，你要记住一点，当大脑里有任何想法的时候，都把它们记下来，让自己处于心如止水的状态。至于如何记录、处理自己的想法，这就是时间管理领域的事啦，这方面的内容后面再教给你。"

小萌开心地回答道："谢谢兵哥，我会继续学下去的。"

兵哥边打开电脑边问小萌："你还记得昨天说的解决问题的金字塔吗？"

小萌一看师父要考自己了，于是拿起桌子上的纸和笔，边画边说："当然记得。我们解决任何问题，都要先问Why，也就是问做这件事的目的、原因、理由。然后再问需要What，也就是做什么。最后再问How，也就是怎么做。昨天兵哥你还说了，无论遇到什么问题，如果我能够按照Why-What-How的顺序来思考，我就会变得非常强大。"

兵哥一看小萌回答得很流利，便对她说："回答得很好，你过来看看这张图。"

	没有交代目的	交代目的
交代做什么	没交代目的 交代做什么	交代目的 交代做什么
没有交代做什么	没交代目的 没交代做什么	交代目的 没有交代做什么

兵哥继续说："这张图有四个框，每个框代表了一种领导风格，我们一一来解读。

"第一种领导，左下角的领导，既没交代目的又没交代做什么。如果你遇到了这种领导，那你会很操心，你不仅需要不断揣摩他为什么要你去做这件事，而且需要揣摩怎么把这件事做好。好在这样的领导不多。

"但很多时候你要随时保持警惕，举个例子，现在我们单位在一起聚餐，大家都在喝红酒。你要注意领导酒杯里的酒量。发现酒少了，就要主动去把酒给倒满。你会发现，在这种情况下，领导没有交代你做什么，也没有交代你为什么要这样做。但得学会察言观色，得自己搞定这件事。"

小萌听了感觉有点儿为难，于是问兵哥："兵哥，这样每天去揣摩不会有

第 2 章
大幅提升工作效率

些累吗？"

兵哥笑着说："当然累啦！就看自己怎么选择啦！不怕吃苦苦半辈子，怕吃苦苦一辈子。好了，我们继续。

"我们中国人经常说一个人会来事，什么样的人是会来事的人呢？就是在别人没有交代目的，没有交代做什么的情况下，自己已经知道对方的目的，并且知道做什么来满足对方的目的，那就是会来事的人。能在既没有交代目的又没有交代做什么这个框中混得很开的人，是前途非常大的牛人。

"我们接着看右下角的框，仅交代了目的但没有交代做什么。如果你遇到了这样的领导，你也会感觉累。"兵哥接着解释道。

小萌："兵哥，这里我懂了。要把某件事做好，最重要的是知道领导为什么要我去做这件事。"

兵哥答道："回答得很对，比做什么更重要的就是为什么要做这件事。很多领导喜欢给你交代为什么让你去做这件事，但他不会告诉你该怎么做。一方面他是在考察你的办事能力，另一方面他是懒得说太多的话。在这种领导的手下做事，你的权限比较大，他只关注最终的结果，他不会管你是怎么做的。你在这样的领导手下干活，成长会非常快。"

兵哥接着解释："我们看左上角的框，没有交代目的，仅交代了做什么。比如这次王总让你给他买高铁票。他仅交代了你去买票，但没有交代你为什么要买票。如果你知道他买票是为了参加一个非常重要的同学聚会这个目的时，你就知道即使买不到14:00的高铁票，也要将14:00左右的飞机票买下来。"

小萌突然明白了为什么王总会发这么大的火，根源就在于自己没有搞清王总让她买票的根本目的，于是对兵哥说："兵哥，我明白王总为什么会发火了。我现在再一次深刻理解了，以后无论我做什么事，都要思考对方为什么要我做这件事，牢牢把握住做这件事的目的。"

兵哥对小萌说："是的，目的找对，事半功倍。我们来看右上角的框，既交代目的又交代做什么。如果你遇到了这样的领导，你会觉得很轻松。因为他让你做一件事，就像告诉你从这里走到前面的超市，并且还给你画一张地图，你只要照着地图走,就会找到那家超市。"

小萌笑着回答:"兵哥,我如果能遇到这样的领导该多幸福啊!"

兵哥也笑着说:"就像硬币都有两个面一样,凡事都有两面性。在这种领导手下工作,你的确感觉很轻松,但你获得锻炼的机会很少,因为领导已经把所有内容都交代你了,你自由发挥的余地很小,你的成长也会很慢。"

小萌想了一想,觉得兵哥说得很对,于是说:"谢谢兵哥给我分析得这么详细。"

兵哥说:"自家人不用客气,你记得多练习思维导图。今天时间不早了,你先去干活吧。我明天继续给你传授如何用思维导图更好地完成领导交代的任务。"

◆ 用思维导图圆满完成任务(二)

"小萌,王总让你去他的办公室,他找你有事。"隔壁的马会计朝埋头苦干的小萌喊道。

小萌听到有人喊自己,赶紧回应:"好嘞,我这就过去。"说完,小王合上桌前的笔记本电脑,朝王总的办公室走去。

"王总,您好,请问有什么事吗?"小萌客气地问道。

王总放下了手中的书,抬头看了一眼小萌,语气柔和地说:"前天让你帮忙订机票的事也不能全怪你,主要是我没有说清楚整个事情的来龙去脉。"

小萌一看王总道歉了,自己也觉得挺不好意思的,赶紧说:"没事的,王总,那也怪我刚参加工作,没有经验,我下次会注意的。"

第2章
大幅提升工作效率

王总感觉小萌心态挺好的，心想这个年轻人态度很端正，订机票的事就先这样算了。王总停顿了一下，接着对小萌说："对了，今天是我们合作伙伴李总的生日，我们准备给李总过一个生日，你帮忙组织一下这个饭局吧。"

小萌一听感觉有些头大，心里嘀咕着：自己在大学的时候，一般都是几个舍友一起去吃点儿烧烤，这种正式的商务宴请还没参加过。

在小萌内心暗自嘀咕的时候，王总继续说："李总是北方人，不爱吃辣的食物，喜欢吃煮烂的饺子，你点菜的时候注意叮嘱厨房把饺子煮烂些。此外我们准备把王总的夫人和小孩子都请来。他的夫人是南方人，特别爱吃辣的食物，你记得点鸡辣椒这道菜。他的小孩子今年小学五年级了，小孩子嘛，就喜欢吃甜品，你记得多点几个甜食。"

王总悠然地转着椅子接着说："然后再订一个水果蛋糕，现在都流行水果的，纯巧克力的太腻人了。吃饭前先点一壶普洱茶，别点铁观音，李总不喜欢喝铁观音。"

听着听着，小萌觉得手心出汗，头皮发麻，因为她记不得李总最喜欢吃什么菜，也忘了李总的夫人喜欢吃什么，但更可怕的是，王总还在继续说着。

"晚上就别喝白酒了，夏天喝白酒太热了，喝点儿雪花啤酒。对了，一定要记得叮嘱厨房准备好一碗长寿面。因为这是生日宴请，长寿面是必不可少的。好了，大概就这些要点，小萌你去准备一下吧。"说完这一切，王总又拿起了刚才看得津津有味的书。

小萌像个傻子一样愣在那里了，不知道该怎么做，一大堆东西都没有记住，心想今天将会死得很惨。

带着失落、焦虑的心情，小萌回到了自己的办公室。她盘算着该怎么解决今天的问题，正在思考的时候，兵哥走进来了："小萌你又怎么了？"

小萌哭丧着脸回答："刚才王总给我交代了今晚宴请李总的事，但我没有记住他说了什么。我该怎么办啊？"

"兵哥，我是不是有遗忘症啊，是不是需要学一下快速记忆啊？"小萌突然冒出了一句。

兵哥哈哈大笑："快速记忆？你还真想得出来。下次领导找你的时候，你带上笔和本子就行了呗。一方面能够把领导说的要点记录下来，另一方面也显得你很重视领导。"

小萌继续问道："那我该记什么呢？"

兵哥说："你需要记住以下几个方面。一、记录原话。当你在执行的时候，看着原话能够唤醒你的记忆。二、记关键点。包括时间、地点、人名、专业术语、数字等，这些点很重要。三、记自己的疑惑点。你不懂的、你没理解的、你没听清的，都要记下来，方便你后面问清楚。"

说完几个关键点后，兵哥打开了自己的平板电脑，给小萌说："更关键的是，你要使用下面的这个承接工作思维导图模板。"

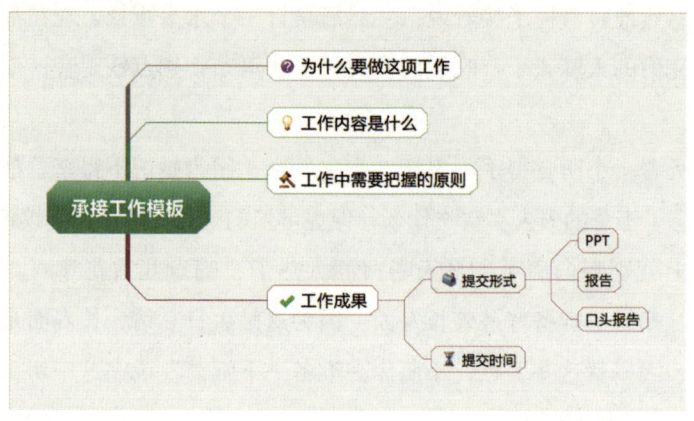

小萌惊叹道："兵哥，思维导图还能用于承接工作啊？"

兵哥淡定地说："当然了，思维导图的运用领域还有很多呢！这个承接工作思维导图模板是根据解决问题的金字塔演化而来的。

"当领导把你叫到他的办公室，你要随身带着纸和笔，然后按照这个思考框架记录领导的要求。当然，领导说话不会按照上面的这个顺序来，他不会告诉你他为什么要做这件事，然后怎么实现这件事，在做的过程中要把握什么原则。

"你要怎么运用这个模板呢？很简单，就像做填空题一样，把领导说的要

第 2 章
大幅提升工作效率

点快速分类，一一放在各个分支。这样你就会头脑很清晰。对了，小萌，在解决问题的金字塔的Why-What-How中，你还记得哪一块最重要吗？"

小萌自信地回答道："Why最重要，也就是为什么要做这件事最重要。"

"是的，为什么做这件事，比怎么做这件事更重要。当你在使用承接工作思维导图模板的时候，你要紧盯着导图不放，特别是为什么要做这件事，如果发现自己没有厘清，或者领导没有讲透，你要把这一块给补上。"兵哥说。

看着兵哥给的这个模板，小萌慢慢恢复了自信，她带着肯定的口气说："兵哥，我决定带着这个模板再去找一次王总，把今晚生日宴请的事落实了。"

兵哥微笑着回答道："知错就改很好，加油！"

20分钟后，小萌带着一张详细的思维导图走进了王总的办公室。看着这张标记了要点的思维导图，王总紧皱的眉头舒展开了。

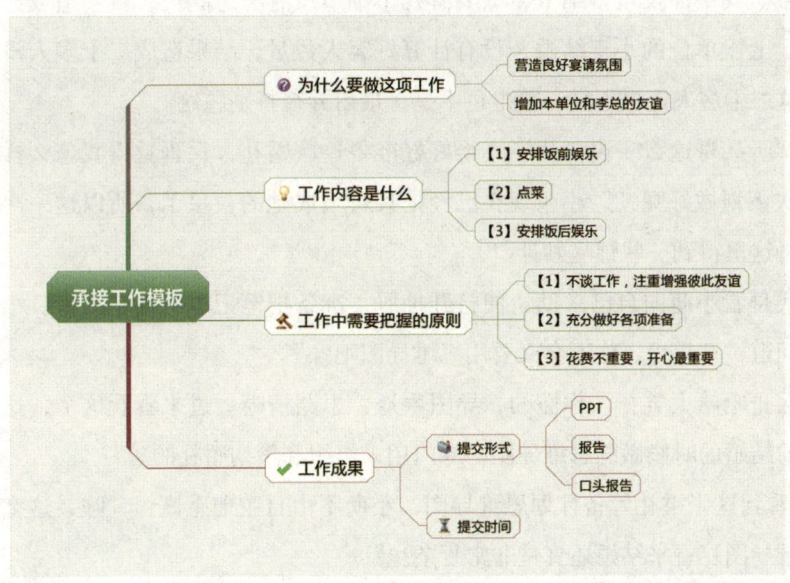

◆ 用思维导图准备婚礼

"兵哥,告诉你一个好消息,我表姐小雯要结婚啦。"小萌满脸笑容地走进兵哥的办公室。

"恭喜啊!那你也要抓紧。"兵哥微笑着回答道。

"不着急,我现在还处于含苞待放的状态呢。"听到兵哥为自己的事操心,小萌赶紧解释。

小萌突然想起来找兵哥的目的,于是赶紧问:"对了,兵哥,我表姐觉得我组织协调能力不错,让我负责组织和策划这次婚礼,你有什么建议吗?"

兵哥听完后哈哈大笑:"看来你摊上大事了。组织和策划一场婚礼可不简单哦。其中涉及很多细节,只要有几个细节没有考虑到位,就会造成严重的影响。上次单位的小李结婚,没有计算好客人数量,结果造成二十多人没上酒席,这二十多人走也不是,不走也不是,最后弄得特别尴尬。"

"听兵哥这么一说,我还真得好好准备这次婚礼,兵哥觉得我怎么样才能把这次策划做好呢?"小萌现在已经把兵哥当成她的救星了,所以这一次也想从兵哥这里得到一些锦囊妙计。

兵哥看小萌向自己求助,便打开抽屉,准备把笔记本电脑拿出来。小萌偷笑着问道:"兵哥,你不会又要用思维导图吧?"

兵哥哈哈大笑:"你懂的,导图牛逼,思路清晰。过来看看这个,这是兵哥以前结婚的时候做的思维导图,专门用来组织和策划婚礼的。"

看到这张婚礼筹备计划思维导图,小萌不由自主地感慨:"哇,这么复杂的思维导图!看来结婚还真是非常复杂!"

兵哥淡定地说:"这只是一个框架而已,还有更多细节没有给你展示,比如4.10.1闹洞房游戏1,还可以细分游戏目的,游戏规则,游戏注意事项,等等。"

第2章
大幅提升工作效率

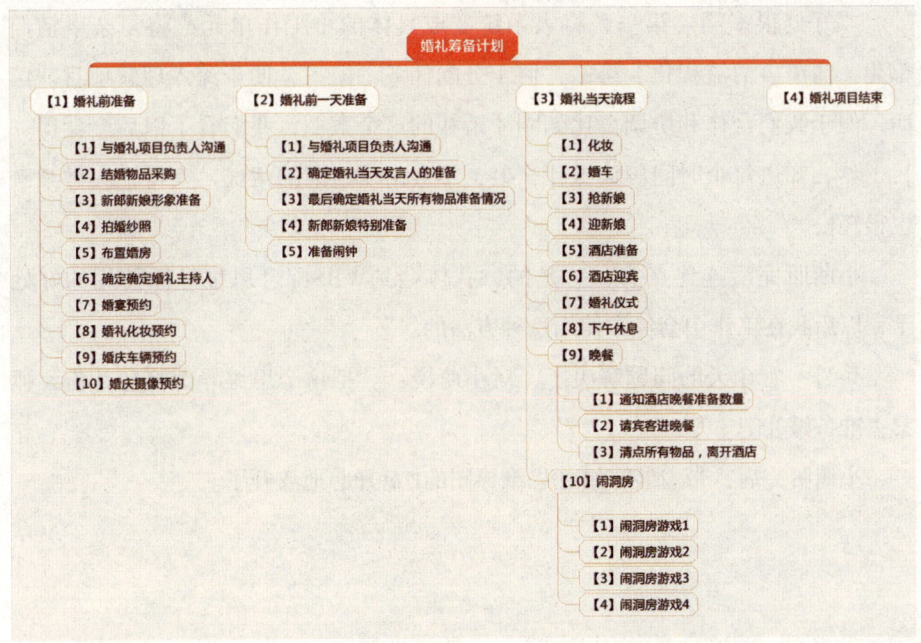

兵哥一看小萌已经进入了学习状态，便继续给小萌说："今天给你展示的是项目管理中常用的一种方法——WBS。"

小萌好奇地问道："什么是WBS呢？"

"小萌，你知道如何把大象放进冰箱里吗？"兵哥冷不丁地问道。

小萌心想，兵哥的思维太跳跃了吧，刚才还说WBS，现在又问我如何把大象放进冰箱里，但好歹自己也是从小看脑筋急转弯长大的，于是自信地答道："分三步，第一步，打开冰箱门；第二步，把大象放到冰箱里；第三步，把冰箱门关上。"

"分三个步骤把大象装进冰箱里，这就是WBS，学术解释是：工作分解结构（Work Breakdown Structure），这种学术用语太深奥，你用把大象装进冰箱里这个案例来体会就行啦。"

小萌觉得这种解释方式挺好的，通俗易懂，于是继续追问："兵哥，WBS有什么好处呢？"

"好处很多啊。第一，将大系统变成具体的小工作单元，将复杂事情简单化，简单事情流程化。第二，便于分配任务。第三，便于深入理解项目。第四，便于我们合作和协调。比如刚才婚礼的这个案例，我们看了以后会觉得一目了然，知道每个时间段该做什么事，不会出现遗漏的情况，安排谁去做某事也很轻松。"

小萌听完后连连点头："是的，我体会到WBS配合思维导图使用的好处了，以后我在工作中会经常使用这种方法的。"

兵哥一看今天的问题解决了，对小萌说："把这个思维导图打印几份，抓紧去准备婚礼吧。"

小萌听完后，带着装有婚礼思维导图的U盘开心地离开了。

◆ 用思维导图组织会议

"兵哥，我又摊上大事了！"小萌脸色沉重地走进了兵哥的办公室。

兵哥好奇地问："你又摊上什么大事了？"

"唉，五天后我们要召开一次全体员工大会，这是一个几百人参加的大会。刚才王总任命我作为这次会议组织者之一，说想让我锻炼一下。"小萌叹了口气。

兵哥听完后哈哈大笑："我以为是多大的事呢，又不是让你做演讲，你担心啥啊！"

小萌感觉兵哥不重视这事，于是有点儿生气地说："怎么不担心啊，我可从没组织过这么大型的会议，万一搞砸了怎么办？"

第 2 章
大幅提升工作效率

兵哥淡定地说："我以前给你分享过一个观点：不用重复造轮子。我们遇到的绝大部分问题，都是别人已经遇到过的，并且有很大一部分都已经成功解决了。我们怎么解决这些问题呢？很简单啊，就是去找这些问题是怎么解决的就行了。"

小萌疑惑地问道："怎么找呢？"

兵哥说："当然是找百度啦。现在是信息爆炸时代，我们已经进入了一个不缺知识的时代。我们缺什么呢？我们缺乏如何快速找到我们想要的知识的方法。21世纪，你以为靠着智商和情商就能驰骋江湖？NO，21世纪，搜商才是关键！"

小萌听完后更加疑惑了，继续问道："什么是搜商呢？"

"搜商，就是指人类使用搜索引擎，在互联网的浩瀚数据海洋中寻找到所需信息的能力。举个例子，给电脑设置密码这件事，我曾经给很多台电脑设置过密码，但过了几个月，我就会忘了如何给电脑设置密码。你能说我笨吗？当然你可以这样认为。但我不认为我笨，我可以拿出手机，百度一下'如何设置电脑密码'，就可以搜出几万个页面，按照搜出来的结果，我每次都可以准确无误地设置密码。

"你想解决的问题，绝大部分都已经被别人解决了，你只需要拥有超高的搜商，在网络上把这些答案搜出来就行。小萌，兵哥再和你分享一个观点。人们经常在网络上问牛人很多问题，但这些牛人都不回答。于是这些人觉得牛人们太高傲了。事实上，不是牛人们懒得回答你的问题，而是你的问题太弱智，牛人们懒得回答你自己靠着搜索引擎就能够解决的问题。"

小萌是个聪明的人，立即明白兵哥的意思了，于是说："我明白了，过去几千年来都有人在组织会议，一定有人把组织会议的方法都总结出来了。我去百度搜索一下就行了。"

兵哥看小萌开窍了，心想也不用继续为难小萌了，便说："如何组织好一次会议，兵哥几年前已经总结好了，你来看看这张思维导图就行了。"

小萌看到这张思维导图，突然觉得兵哥就像是哆啦A梦，随时会从口袋里

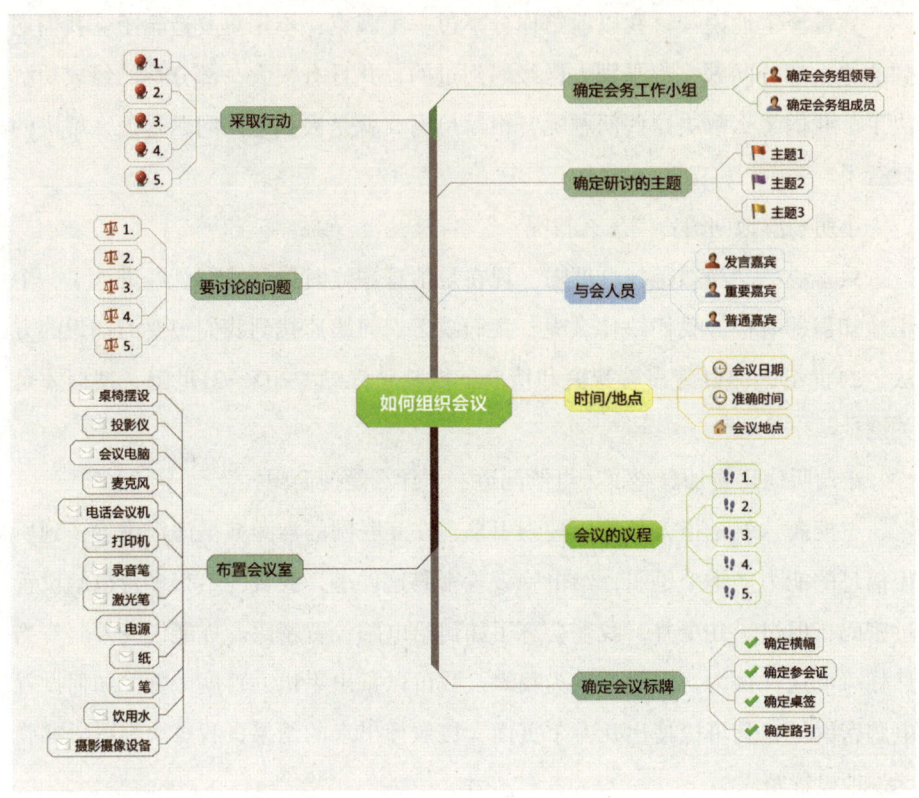

　　拿出一件神奇的宝贝解决自己的问题。兵哥看小萌正在想别的事,于是轻轻推了一下她。小萌赶紧回过神来。

　　兵哥接着说:"闲下来的时候,多思考思考思维导图的本质,你运用思维导图就会越来越熟练了。记住一句话,深度思考比勤奋更重要。

　　"好啦,今天就先给你说到这里,你抓紧去组织会议,按照思维导图上的要点去准备,这次会议组织一定不会差到哪里去的。"

　　小萌谢过兵哥,拿着导图离开了办公室。

◆ 用思维导图做会议记录

"兵哥，我今晚要加班了。最烦加班了，打乱了我正常的作息时间！"小萌委屈地向兵哥抱怨。

"你要加班做什么事？"作为小萌领导兼师父的兵哥关切地问。

"昨天开了一天的会，我用录音笔把全天的会议都录音了。王总让我明天把会议记录给他。这个录音有6个小时，我现在要把这6个小时都做成笔记，累死我了！"小萌举着手中的录音笔对兵哥继续抱怨。

"那你为什么不当时就做记录呢？"兵哥皱着眉头说。

"我也想当时就做啊，但手写的速度太慢了，并且我的字写得太丑了，不好意思拿出来。"小萌解释。

"你可以用电脑做记录啊，敲字的速度一定比手写快。"兵哥继续开导小萌。

"哦。我当时没有带电脑。"说完后，小萌撇了撇嘴。

"对于做会议记录这件事，最好现场做。录音只是作为一个辅助工具，用于遗忘时提醒自己，不能全靠着录音笔。"兵哥耐心地说，"此外，你应该带上电脑，用电脑做记录，并且最好使用思维导图做记录。"

小萌好奇地问："思维导图还能用于做会议记录吗？"

"当然了，思维导图无处不在。"兵哥问道，"小萌，你觉得开会的目的是什么呢？"

"这要看是什么会了，不同的会有不同的目的。比如解决某个具体问题。"

兵哥听完后，接着小萌的话说："开会的确有很多目的，但大部分的会都有以下几个目的。一、传达上级指示和精神；二、解决某个实际问题；三、向下属布置某项任务。"

"对于这类会议,你可以提前准备好这样的思维导图模板,用于开会过程中做会议记录。"兵哥指着自己电脑上的思维导图。

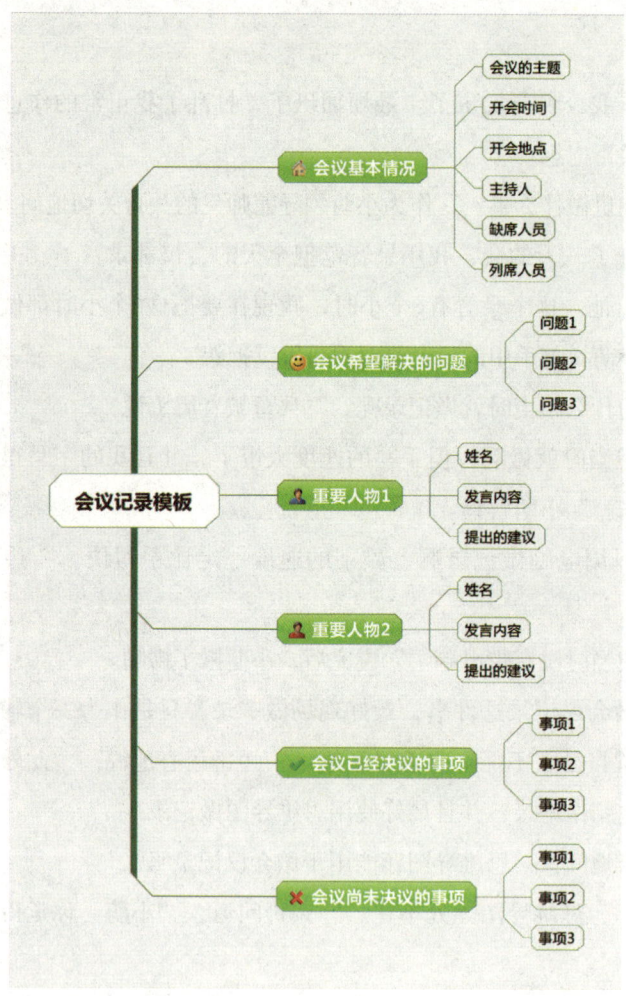

"第一,你要把这次会议的基本情况记录下来,方便以后查阅。比如开会的主题、开会的时间、开会的地点等。

"第二,提前把这次会议希望解决的问题记录下来。比如这次会议是为了解决员工上班迟到问题，为了解决产品开发中遇到的技术问题。为什么要提前把这记录下来呢？因为我们开会，经常开着开着就忘了自己为什么开会，忘了开这次会议的根本目的。

"很多部门开会，开到后面会争吵起来，为什么呢？因为开会的过程，也是展示自己的过程。当我们的观点被别人否定后，我们会觉得是自己被否定，于是把对观点的维护上升到对自己人格的维护，所以会不停地争吵下去。

"你作为会议记录员，要站在第三方的角度，紧盯着开会前需要解决的问题，记录和解决该问题相关的内容。因为领导最终看你做的会议记录，他关心的是问题是否得到解决，解决方案是什么。其他的不会很重视。

"第三，记录重要人物的发言。就像电视剧里有主角和配角一样，会议中也有主角和配角，你要把主角的主要内容、重要观点、提出的建议等关键内容记录下来。

"第四，把会议最终形成的决议记录下来，这些是会议的最终成果，很关键。最后，把会议尚未解决的问题也记录下来，方便下次会议继续讨论。

"好了，小萌，用这个模板把昨天的会议记录作一个总结吧。我就先下班了，下次开会记得带上笔记本电脑哟！"

给小萌传授完核心方法后，兵哥走出了办公室。

◆ 用思维导图管理人脉

"兵哥，我们每天要面对这么多客户，我该怎么记住这些客户啊？"小萌又遇到问题了，"我收到过很多名片，这些名片堆在抽屉里，放在钱包里，放在背包里，不用的时候到处都可以看到，到要用的时候却怎么都找不到。"

兵哥放下了手上的活问道："那你平时都是怎么管理收到的名片呢？"

"心情好的时候就记录在手机里，心情不好就用手机给名片拍个照片，准备等以后有时间了再整理。但说实话，我现在手机里至少还躺着三十多张未整理的名片呢。"自从认兵哥为师父，对于兵哥提的问题，小萌都会如实回答。

"其实把客户的电话号码记录在手机里，只是一种最初级的管理方式。"兵哥又开始给小萌上课。

"兵哥，难道你有什么绝招？"小萌眨着眼睛满怀期待地问。

"当然有了，没有绝招怎么做你师父呢！你知道兵哥一直都在钻研思维导图，今天就推荐你使用思维导图来管理你的人脉。"兵哥接着问道，"小萌，你听过麦凯人脉66表格吗？"

小萌两手一摊，摇着头说："没听过！"

兵哥接着说："没听过的话，可以用搜索引擎搜一搜。上次我和你说过，21世纪，决定你是否牛叉的不是智商，是你的搜商。"

小萌认真地点了点头："兵哥，记住了。我以后遇到不懂的地方，第一时间就用搜索引擎搜一下。"

兵哥接着说："好了，回归主题，麦凯人脉66表格是由世界第一人际关系大师哈维·麦凯提出的一种人脉管理方法。这种方法很简单，就是搜集客户的66种信息，目前麦凯人脉66表格已经成为销售人员必备的武器。

"麦凯人脉66表格的好处是非常全面，通过搜集客户的66种信息，你会比客户更了解他本人。当然，麦凯人脉66表格也有缺点，那就是需要随身携带打印好的人脉档案，非常不方便。

"现在兵哥将麦凯人脉66表格和思维导图结合起来，做了下面这个精简的更适合中国国情的人脉管理思维导图。

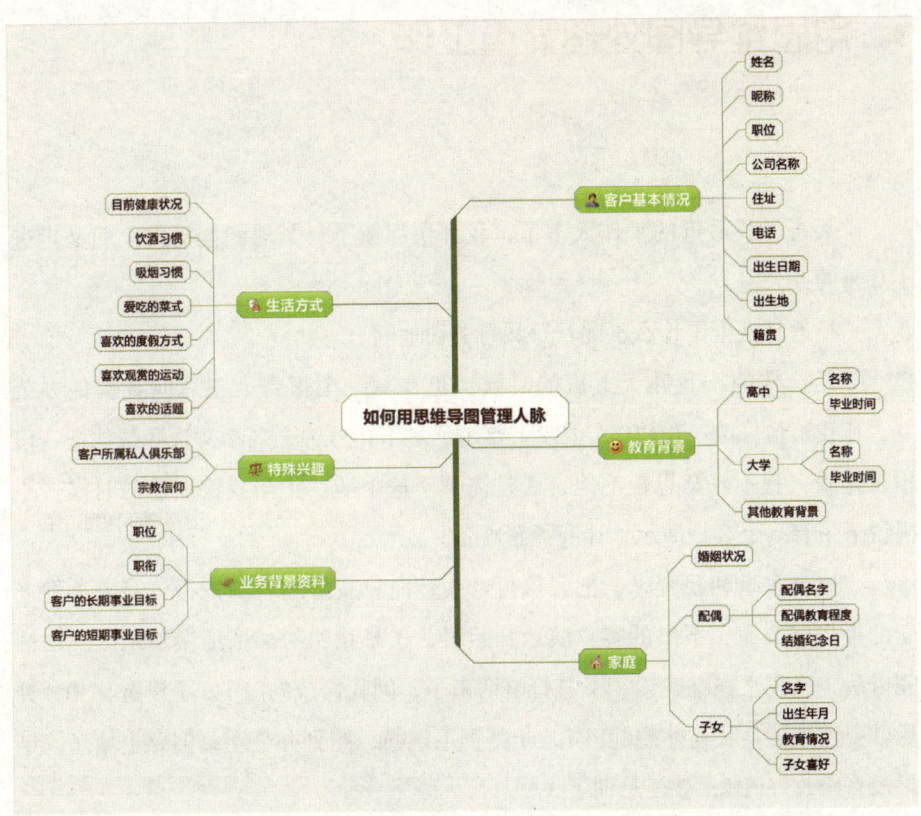

"你每次拜访客户前,可以看看这张思维导图,看还有哪些需要补充的信息,这样在拜访客户的时候,就知道自己该搜集哪些信息。随着拜访次数的增加,你对客户的了解就会越全面,这样更有利于你开展后续的各种工作。

"此外,将客户的信息变成思维导图,这样更利于管理,以后可以随身带着一个平板电脑,想查找某位客户的基本情况,打开一张思维导图就可以全面了解和掌握。

"你不用谢我,扎扎实实地去执行兵哥教你的这些方法就行了。"兵哥看着小萌正准备感谢自己,于是赶紧制止。

小萌笑着回答:"好的,我今天就不感谢你了,我会用接下来的实际工作来报答你。"

◆ 用思维导图处理繁重工作

"兵哥，我最近的工作太多了，我都快崩溃了！"遇到挫折的小萌又走进了兵哥的办公室。

"最近又发生了什么事呢？"兵哥关切地问。

"是这样的，我昨天上班的时候，正在写一个报告。王总叫我去他办公室，让我给他修改一份PPT，他晚上要用。过了10分钟，老李又让我帮他把一份报告排版，我不好意思拒绝他，于是揽下了这个活。正当我快崩溃的时候，小冯说下午有一个客户演示，让我抓紧准备。

"这么多事朝我奔来，把我搞得晕头转向。我好不容易把报告写完，把老李的报告修改完，下午的客户演示开始了，于是我匆匆忙忙地做演示。一切忙完以后，当我正在吃晚饭，王总打电话来了，问我修改的PPT好了没有，30分钟后就要使用了。我这才想起PPT，于是扔下碗筷，跑到办公室，但路上堵车，结果没有修改好PPT，被王总训了一顿。

"我发现手头工作少的话还可以，如果同时有三四件事，我就会手忙脚乱。我会抓不住重点，并且经常遗漏工作。兵哥，我该怎么办啊？"

"你觉得兵哥会教你什么方法呢？"兵哥微笑着反问道。

"难道你又要用思维导图解决我的这个问题吗？"小萌已经知道兵哥的撒手锏了。

"不愧是我的徒弟。就是用思维导图，请看下面这个模板。"兵哥指着电脑对小萌说。

"如何使用这个导图呢？很简单。把手头上正在做的工作写在左上角的分支里，并且运用以前我给你讲解的WBS方法，把这个工作进行分解。当还有其他工作任务时，也按照这样的方式做就行了。"兵哥耐心地对小萌说。

"兵哥，当我在处理繁杂的工作时，使用这个导图有什么好处呢？"小萌问。

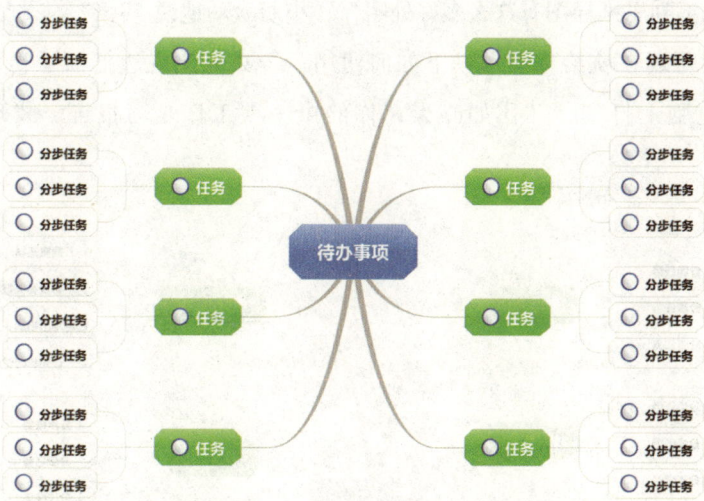

"好处很多啊。其一：解放你的大脑，让你的大脑从多任务模式进入单一任务模式。

"其二：让你进入心如止水的境界。因为大脑里想着其他的事情，工作效率非常低。当你把要做的事情都记录在思维导图里后，大脑就不会被其他的事情牵扯，这样就能进入心如止水的境界。

"其三：防止遗漏。好记性不如烂笔头，把事情记录下来，你就不会再出现遗漏的情况。比如昨天你把修改王总PPT的事情忘了，就是因为你没有把这件事记录下来。

"其四：防止拖拉。兵哥我研究拖延症很多年了，知道有拖延症的人拖拉的其中一个原因，就是不会分解任务。我们经常说一口吃不成胖子，对待工作也是一样的。当一个项目特别复杂，不知道如何下手的时候，你就将这个项目分解，分解成很多个能够在25分钟以内能完成的迷你项目。

"其五：让自己变得更有条理。根据兵哥多年来的观察，患有ADD的人在遇到繁杂工作的时候，效率会快速降低。ADD就是所谓的注意力缺失症。对于患有ADD的人来说，缺乏条理是他的天敌。使用思维导图以后，眼前的七八项工作可以变得非常清晰，你自己也会变得更加有条理。"

"想不到思维导图有这么多好处啊!"小萌激动地说。

"兵哥现在就给你演示一下如何使用。"兵哥边说边把袖子卷了起来,开始在电脑上打字,"比如昨天,你的第一项工作是写报告,我现在分解一下。"

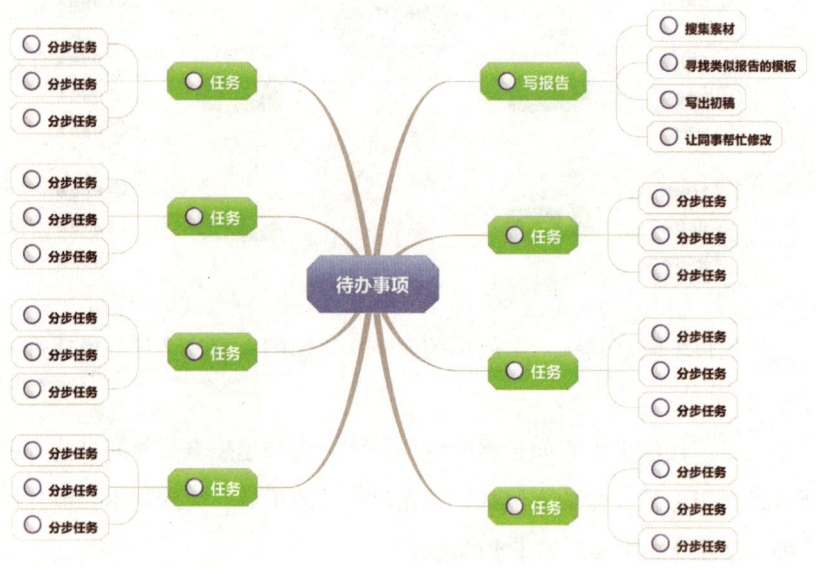

"对于写报告这个项目,可以分解成这四个步骤。第一步:搜集素材。第二步:寻找类似报告的模板。第三步:写出初稿。第四步:让同事帮忙修改。经过这样一分解,你有什么感觉呢?"兵哥问小萌。

"顿时感觉轻松多了,因为写报告这件事本来就很头疼,现在分解为这几个步骤,我觉得很容易下手,心中升起一股想立即处理这项工作的冲动。"小萌兴奋地说。

"有这种感觉就对了。当你把一项大工作分解成很多小工作的时候,你心中就会升起一股想立即处理它的冲动。"

"我们继续。当你正在处理手头的工作,王总突然让你帮他修改PPT,你可以将这项任务写在第二个分支上,并且将它分解。

第 2 章
大幅提升工作效率

"如何修改好王总给的PPT呢？可以分解为以下几个步骤。第一步：询问王总修改PPT的目的。做任何事，比怎么做更重要的是为什么做。因此你必须问清楚为什么要做这件事。

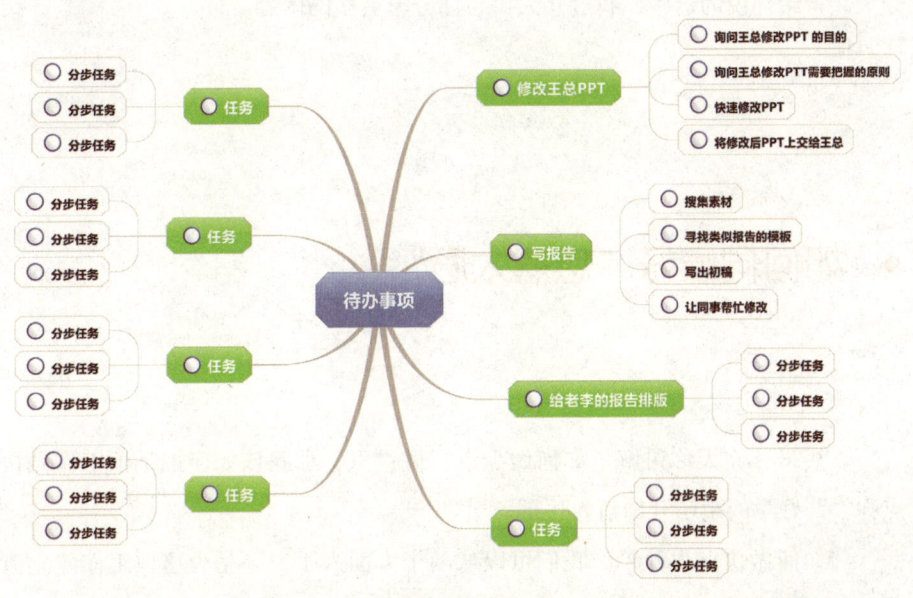

"第二步：询问王总修改PTT需要把握的原则。第三步：快速修改PPT。知道为什么要修改PPT以后，那就抓紧时间修改呗！

"第四步：将修改后PPT上交给王总。修改后快速把结果交给王总，听听王总的意见，方便再次修改。

"我们在职场中，要训练一种很重要的能力，那就是确定项目轻重缓急的能力。现在你手头有两项工作，一是写自己的报告，二是修改王总的PPT。毫无疑问，现在最重要的是修改王总的PPT了。

"此时你可以调整思维导图的顺序。把王总的工作放在第一个分支。如果老李让你给他的报告排版，你可以把老李的工作放在第三个分支，此时就别着急分解这项工作了，因为分解后你也没有时间去完成。"

看完兵哥的演示，小萌顿时觉得头脑非常清晰，心想以后再也不用担心繁杂的工作了。

"好了，小萌，你今天就可以运用这个模板处理手头的工作，你会发现自己的工作效率会上升到一个新的高度。"兵哥边说边关闭电脑，"你认真消化今天兵哥给你说的这些，我过几天再与你分享更多的内容。"

◆ 如何伺候好"慈禧太后"

"兵哥，昨天你讲解了如何做少点、做重点，那我该如何把某项工作做快点呢？"好学的小萌开始请教兵哥。

"如何做快点很简单。我们可以从两个方面入手。一是为这项工作建立流程，二是为这项工作设置倒计时。今天先给你讲解第一方面，为这项工作建立流程。"兵哥拿出了平板电脑，准备给小萌做演示。

"兵哥，我最近刚好遇到了一个难题，你帮我解决一下吧。我是网络方面的新手，最近准备学习建网站，于是买了好多建立网站的视频和教程，目前学了半个月，终于建立了我的第一个网站。但当我准备建立第二个网站的时候，很多步骤我又忘了，很多细节我也记不清了。我还得再将教程重新学习一遍。对于老手来说，建立网站是一件很简单的事，但对于我这样的新手来说，建网站太痛苦了，一想到建网站那烦琐的过程，我就会感到恐惧，因为我不知道在哪一步就会卡壳，工作效率太低了。我该如何解决这个问题呢？"小萌把自己遇到的实际问题抛给了兵哥。

兵哥哈哈大笑："建网站多简单啊，就采用流程图的方式来解决就行。对了，你听过'慈禧太后'吗？"

第2章
大幅提升工作效率

和兵哥合作的时间长了,小萌已经习惯兵哥跳跃性的思维:"听过啊,就是那个一顿饭要吃150道菜的老太太。"

"是的,'慈禧太后'就是铺张浪费的代表。有一句俗话,'伴君如伴虎',这句话的意思是陪伴在皇帝身边是一件很危险的事。晚年的慈禧太后就是这样,谁一件事做不好,就可能被免职或遭到处罚。"兵哥接着说,"上次我和一位朋友交流,他告诉我这样一个故事。

"在吃饭的时候,慈禧太后筷子如果是直着摆,表示还要继续吃,如果横着往前推,表示吃完了。大太监要立即看懂,然后把左手抬起来,中指和食指合并,这就叫上水。

"太后吃完饭要上水的,水端上去,一个银盆,漂着六片莲花。太后漱完口,大太监又出去了,上茶,早上喝龙井,中午碧螺春,晚上普洱,分得非常清楚。

"喝茶的时候,如果她的茶盖是虚掩着的,表示还要继续喝。掀起来,斜靠在旁边,表示喝完了。

"大太监一看又出去了,上烟!太后喝完茶了要抽水烟袋。上烟的要从她右边绕过去,跪在点烟的方向,给她擦火。这一切都是静悄悄的,没有任何声音。"

小萌惊呆了:"过程这么复杂啊,幸亏我不是她身边的太监,否则我这样丢三落四的工作作风,早就被慈禧太后满门抄斩了。"

兵哥听完后哈哈大笑:"你对自己的认识很到位啊。管理学中有一个重要的观点:复杂工作简单化,简单工作流程化。如何伺候好慈禧太后呢?我给你画一个流程图。"

兵哥笑着对小萌说:"你拿着这个流程图,就可以穿越到清朝,凭你的本事,一定能成为慈禧太后身边的首席大太监。"

小萌开心地笑道:"我想也是,其实做首席大太监也不难,哈哈……"

"我们要善于将复杂的工作简单化,简单工作流程化。因为我们的知识分为两种,一种是显性知识,一种是隐性知识。比如如何计算3×3,第一步是翻开乘法口诀表,第二步是找到3×3的那一栏,第三步是将$3\times3=9$这个结果找到。这种知识可以称为显性知识。

伺候慈禧太后流程图

1. ☐ 如果筷子直着摆，表示还要继续吃
   1. ☐ 站着不动
2. ☐ 如果筷子横着往前推，表示吃完了
   1. ☐ 走出房门
   2. ☐ 抬起左手
   3. ☐ 将中指和食指合并
   4. ☐ 向小太监示意上水
   5. ☐ 将水送到慈禧太后身边
   6. ☐ 将漱口后的水送出房门
   7. ☐ 示意小太监上茶
3. ☐ 如果茶盖是虚掩的，表示还要继续喝
   1. ☐ 站着不动
4. ☐ 如何茶盖掀起来、斜靠在旁边，表示喝完了
   1. ☐ 走出房门
   2. ☐ 向小太监示意上水烟袋
   3. ☐ 从慈禧太后右边绕过去
   4. ☐ 跪在烟点的方向
   5. ☐ 给她擦火

"什么是隐性知识呢？比如中医，他们看一个人的脸色、气质、走路姿势，就可以判断出这个人大概得了什么病，需要什么药方。但具体是如何看出病症，很多中医自己也说不明白，更没法将这些知识传给他的徒弟。所以中医很难全面普及，有一个原因就是中医里包含了太多难以传播的隐性知识。如果有人能将这些隐性知识显性化，那就功德无量了。"兵哥自豪地说。

"兵哥，那如何将隐性知识显性化呢？"小萌好奇地问道。

"隐性知识显性化有很多方法，其中很重要的一个方法就是将复杂的工作画出流程图。"

"对了，小萌，你刚才说最近在建网站上遇到了难题，你也学过一点建网站的基本知识，你认为建网站由哪几个部分组成呢？"兵哥耐心地问。

"让我想一想，大概有这几个步骤吧。购买域名，购买空间，解析，绑定，上传wordpress等。"小萌思考了一会儿回答。

第 2 章
大幅提升工作效率

"好的,大概步骤是对的,现在兵哥给你画一个建网站的流程图。"

小萌看到这个简洁的流程图,顿时觉得头脑清晰,心想建立网站其实挺简单的,于是开心地对兵哥说:"兵哥,这种方法太棒了!以前我总觉得建网站是一件非常困难的事,对建网站很恐惧,但现在看到建网站也就这些简单的步骤,压力顿时小了很多。"

兵哥笑着对小萌说:"你说得很对。你可以把生活和工作中复杂的事都做成流程图,你做得越多,工作效率会变得越高,处理问题的速度会越来越快。"

建网站的流程图

1. ☐ 购买域名
   1. ☐ 输入想购买的域名
   2. ☐ 付款
2. ☐ 购买空间
   1. ☐ 选择空间
   2. ☐ 付款
3. ☐ 域名解析
   1. ☐ 点击【域名管理】
   2. ☐ 点击【my dns】
   3. ☐ 点击【添加新的A记录】
   4. ☐ 输入带www的域名
   5. ☐ 输入不带www的域名
   6. ☐ 输入空间商提供的IP地址
4. ☐ 绑定空间
   1. ☐ 点击【主机管理】
   2. ☐ 选择需要绑定的域名
   3. ☐ 输入带www的域名
   4. ☐ 输入不带www的域名
5. ☐ 上传wordpress
   1. ☐ 到官方网站下载wordpress
   2. ☐ 打开ftp软件
   3. ☐ 将空间ip地址输入【主机】
   4. ☐ 将ftp用户名输入【用户名】
   5. ☐ 将ftp密码输入【密码】

◆ 学会吃番茄，工作效率高

"兵哥，我工作的时候经常走神，比如写一篇报告，一会儿喝杯水，一会儿去趟厕所，一会儿刷一下微信，总之效率特别低下，我该怎么办啊？"最近被工作效率低下困扰的小萌向兵哥请教。

"很简单啊，你开始学习吃番茄，工作效率就会提高！"兵哥坚定地回答。

小萌有些疑惑了，昨天兵哥教自己伺候慈禧太后，今天又教自己吃番茄，到底是怎么回事？

兵哥看出了小萌的疑惑："吃番茄是目前非常流行的时间管理方法：番茄工作法。

"番茄工作法：简单地说，就是选择一个待完成的任务，将番茄时间设定为25分钟，然后全然专注于该任务，中途不允许做任何与该任务无关的事，直到番茄时钟响起，哪怕工作没有完成也要定时休息，然后进入下一个番茄时间。番茄法以25分钟的短期迭代为节奏，帮你建立可持续发展的步伐，休息时安心休息，工作时一心一意干活。"

小萌感觉听懂了一点儿，对兵哥说："使用番茄工作法有哪些好处呢？"

兵哥一看小萌是不见兔子不撒鹰、不见好处不出手的家伙，便开始细数使用番茄工作法的好处："好处一：注意力高度集中，工作效率大幅提升。

"好处二：降低对工作的恐惧，战胜拖拉。以前面对一项复杂的工作，我们由于恐惧这项工作，会拖拖拉拉不敢动手，但使用了番茄工作法，我们可以将复杂的工作划分为可以接受的很多个25分钟。比如写报告，我可以对自己说，我今天就用四个番茄时间来写这份报告。"

小萌觉得番茄工作法的确很棒，但兵哥以前说过，做任何事之前，先搞懂为什么，于是小萌对兵哥说："为什么番茄工作法会有这样好的效果呢？"

第 2 章
大幅提升工作效率

兵哥继续解释："这里涉及一个重要的法则：帕金森法则。帕金森法则认为：任务的重要性和复杂度与所分配的完成任务的时间密切相关。这就是不断迫近的最终时限的魔力。

"在工作中或学习中，我们经常有这样的感觉，如果给你24小时去完成一项任务，时间的压力促使你集中精力去执行，别无选择，只能做最重要的部分。

"同样的任务，如果给你一周去完成，就会换来磨磨蹭蹭的六天，然后在最后一天大爆发。

"如果给你两个月的时间，对不起，这项工作就变成了一场精神磨难，在这两个月内，你会一直为这项工作感到焦虑。"

小萌哈哈大笑，因为一个月前王总就让小萌帮他做一个PPT，说一个月后要用。小萌觉得王总交代的工作要高质量地完成，于是这个月一直在精心准备，光搜集PPT所用的图片就花了10天的时间，现在一个月的时间快到了，PPT还没有做出来。小萌最近正为这件事感到头疼，在办公室一看到王总就想逃避，生怕王总问PPT做得怎么样了。

想到给王总做PPT这件事，小萌对兵哥说："兵哥，对于帕金森法则我深有体会。一个工作只给你4小时的时间，你会把这件事做完，如果给你4天的时间，你也会花4天的时间做完。"

兵哥看小萌已经理解帕金斯法则了，于是接着说："番茄工作法的使用非常简单。

"第一步：你用手机下载一个名叫'番茄工作法'的软件。

"第二步：选择一项准备完成的任务，确定需要几个番茄来完成。

"第三步：开始计时，执行任务。注意，中途不能去做别的事，如果非得去做，那就必须毫不留情地取消快到手的番茄，只有这样严格要求，自己才会珍惜时间，珍惜番茄，不会再做分心的事情。

"第四步：番茄时间到，就停止工作，休息5分钟。注意了，休息的时候不能刷微信，刷微博，因为这些事会打破当前的高效状态。你可以在5分钟里喝杯水，上趟厕所，或者看看窗外。

"第五步：休息时间结束，立即切换到番茄工作模式，投入工作。"

兵哥说完这些步骤，看了一下手机："好了，今天的谈话已经用了一个番茄，我们开始休息了。你先去下载软件，我们明天继续交流。"

◆ 提高自己的执行力

"兵哥，我发现很多公司都在谈执行力，你觉得什么是执行力呢？"小萌问兵哥。

兵哥给小萌解释："很简单，执行力就是想到并做到的能力，比如你想做100件事，你做到了100件事，那你就是执行力强悍的牛人；你想做100件事，但只做到1件事，那你就是执行力弱爆的人。现在的社会不缺想法，缺的就是执行力。"

"兵哥，那我该如何提高自己的执行力呢？"小萌继续问兵哥。

"还是兵哥经常说的那九个字：想少点、做重点、做快点。兵哥给你一一解释。什么叫想少点呢？就是指自己少承诺一点。你要知道，我们对自己的每一次承诺，就类似给自己签了一份合同。比如你今天想到100件事，你对自己承诺只做其中的三件，那你的执行力就会大大提升。如果你很贪心，不注重实际情况，你对自己承诺要做30件，完成30件事的可能性太低，这样你的执行力就会降低。因此，提高执行力的第一步：想少点。给自己的承诺少一点。

"什么叫做重点呢？你从100件事中挑出了三件来做，这三件事的重要性肯定不一样，你可以按照轻重缓急将三件事排个顺序，然后挑最重要的那件事先做。这样你的执行力又上升了一个层次。

"刚才说的两个原则：想少点，做重点，这两者都是在作选择，选择远远比努力更重要，所以我把这两个原则排在前面。

"什么叫做快点呢？这个更容易理解了，就是快速把挑选出来的这件事完成。这个能力也很重要，如果你只是会挑选，不会落实，那也是白搭。

"评价一个人有两个指标，一是有效率，二是有效果。有效率是指能快速把事情完成，有效果是指能完成正确的事，两者都很重要，但有效果显得更加重要。简而言之，提高自己的执行力，就从这九个字入手：想少点，做重点，做快点。"

◆ 招聘不到员工怎么办

"兵哥，最近老总让我去做招聘，但我发现招聘成功率很低，要么招不到人，要么招到的人不适合，你觉得我该怎么办呢？"小萌问兵哥。

"你觉得招不到的原因是什么呢？"兵哥反问小萌。

"我觉得我们的招聘只是在线下投放广告，没有在线上投放广告。"小萌思考后对兵哥说。

"还有其他原因吗？"兵哥继续开导小萌。

"我觉得还可能是这次面试的考官带有偏见吧，他对文科生不太感冒。"小萌补充道。

"兵哥今天和你分享一个很重要的法则，吉德林法则。这是美国通用汽车公司管理顾问查尔斯·吉德林提出的法则，这个法则的意思是：把难题清清楚楚地写出来，便已经解决了一半。"

"在解决问题前，你一定要把问题清清楚楚地写下来。小萌，你觉得现在你遇到的问题是什么呢？"

小萌立即拿出一张纸和一支笔，在纸上来回修改很多遍以后，小萌对兵哥说："我的问题是，为什么招聘成功率这么低？"

兵哥接着说："很好，把问题写出来了，那下一步，兵哥再教你一个分析问题和解决问题的方法：鱼骨图法。"

小萌挠了挠头问道："什么是鱼骨图法呢？"

"鱼骨图由日本管理大师石川馨先生发明，所以又叫石川图。鱼骨图是一种发现问题根本原因的方法，也可以称之为因果图。特点是简捷实用，深入直观。它看上去有些像鱼骨，问题或缺陷（即后果）标在'鱼头'外。在'鱼骨'上长出'鱼刺'，上面按出现机会的多寡列出产生问题的可能原因，有助于说明各个原因之间是如何相互影响的。下面这是一个鱼骨图的案例。

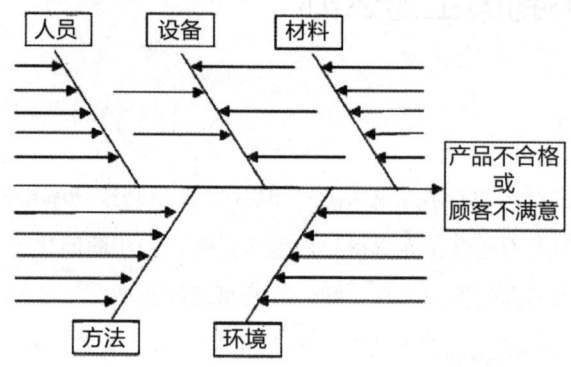

"用鱼骨图作分析，可以采用以下几个步骤。1.查找要解决的问题；2.把问题写在鱼骨的头上；3.召集同事共同讨论问题出现的可能原因，尽可能多地找出问题；4.把相同的问题分组，在鱼骨上标出；5.根据不同问题征求大家的意见，总结出正确的原因；6.拿出任何一个问题，研究为什么会产生这样的问题；7.针对问题的答案再问为什么，这样至少深入五个层次（连续问五个问题）；8.当

第 2 章
大幅提升工作效率

深入到第五个层次后,认为无法继续进行时,列出这些问题的原因,而后列出至少20个解决方法。针对你说的招聘问题,我用思维导图画一个鱼骨图。"说完,兵哥打开电脑开始画图。

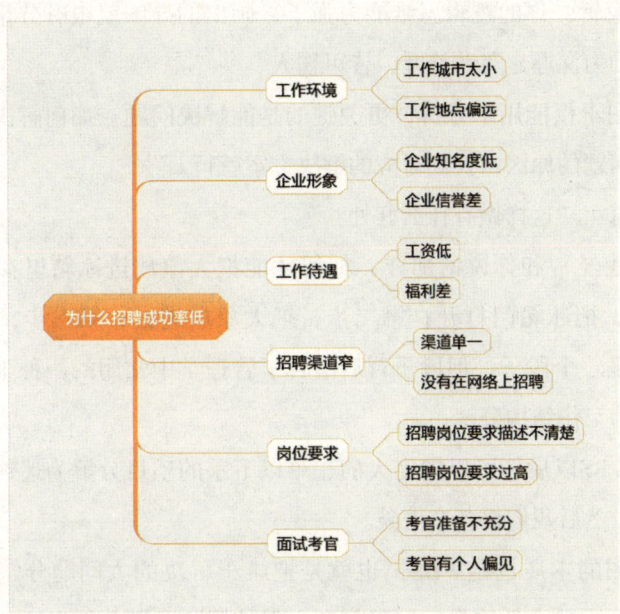

"太棒了,兵哥,看了你的导图,我知道这次招聘成功率低的原因了。不过我有一个疑问,你确定你画的是鱼骨图吗?"小萌大胆地问道。

兵哥微笑着对小萌说:"你的意思是我画得不像这种经典的导图吗?"

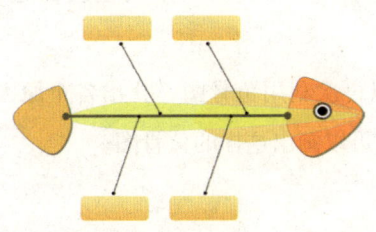

"是的,我感觉你画的形状和鱼骨图不一样。"小萌坚定地对兵哥说。

"答案很简单,因为思维导图软件画的鱼骨图很丑,看起来容易让人发晕，你看我画的那个导图是不是很清爽呢？"兵哥对小萌解释。

"是的，逻辑很清晰，感觉很清爽。"小萌答道。

兵哥说："那就好，只要能解决问题就行，用什么形式不重要。画思维导图，核心是逻辑，你的逻辑思维能力强了，画出的导图就很有分量。就像武术一样，只要功力深厚，飞花摘叶，皆可伤人。

"鱼骨图不仅能用于分析，更关键的是能解决问题。如何解决问题呢？就是针对造成问题的原因，找到对应的解决方案就行。"

小萌问道："这样做有什么好处？"

"就像我经常和你说的那样，如何才能把大象放进冰箱里？方法分为三步：第一步，把冰箱门打开；第二步，把大象放进去；第三步，把冰箱门关上。虽然这是一个段子，但段子背后蕴含了管理学中常用的一种工具：WBS，也就是所谓的工作结构分解。

"使用WBS以后，可以把庞大的、难以下手的项目分解为迷你的、可以操作的小项目，然后我们再各个击破。

"鱼骨图的本质也是WBS，也就是把难于解决的大问题分解为很多小问题。比如招聘成功率低这个问题很复杂，但使用鱼骨图分解以后，就可以找出很多种原因。

"经过分析，我们发现造成招聘成功率低的原因有六个，分别是工作环境、企业形象、工作待遇、招聘渠道窄、岗位要求、面试考官。以前是招聘成功率低这个大问题，现在分解成六个小问题，而这样的小问题可操作性很强。

"然后，我们就可以再次利用鱼骨图，找出各个原因的解决方案。针对招聘成功率低的问题，我们可以画出这样的鱼骨图。

第2章
大幅提升工作效率

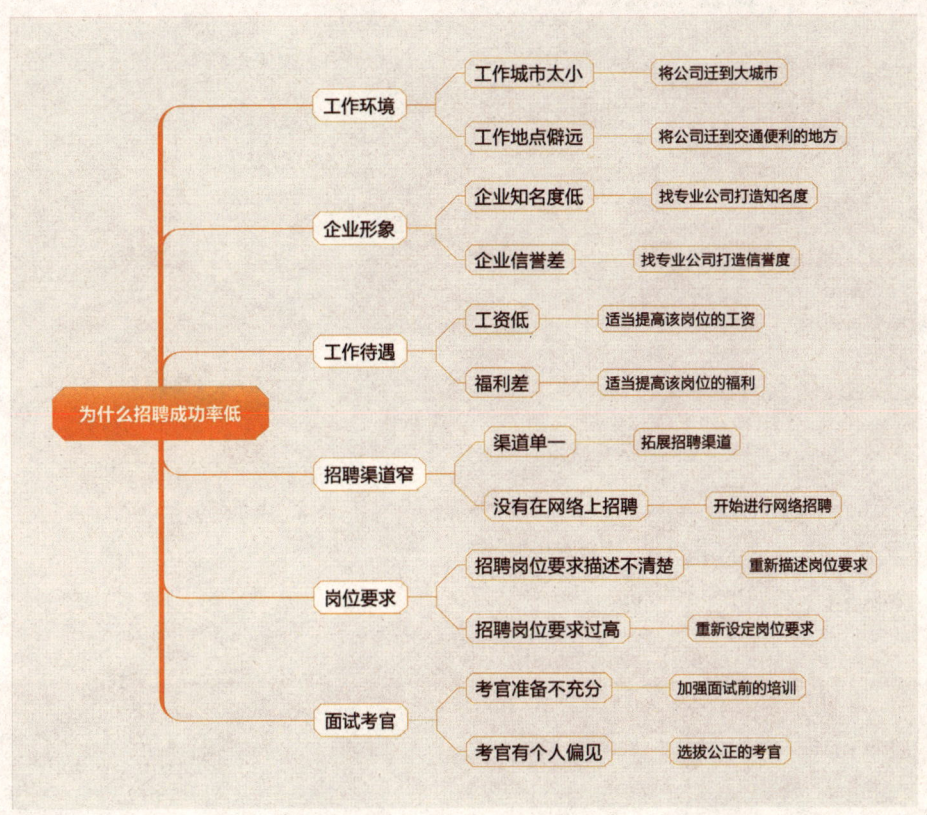

"当将思维导图和鱼骨图结合起来以后,我们会发现,针对一个庞大的问题,可以找出很多解决方案。由于时间成本、精力成本和经济成本的限制,我们不可能采用所有的解决方案,但思维导图+鱼骨图这种方法,可以拓展我们的思路、理顺我们的思路,帮助我们快速找到实用的解决方案。"

思 维 导 图 高 手

第 3 章

轻松搞定时间管理

♦ **用思维导图管理时间**

"兵哥,怎么样才能做好时间管理呢?"正在喝咖啡的小萌问兵哥。因为最近繁重的工作都处理得差不多了,兵哥带着小萌到办公室楼下的咖啡馆休息一下。

兵哥喝了一口咖啡,没有直接回答小萌的问题,反而问小萌:"最近有一款非常火的汽车,你知道叫什么名字吗?"

小萌微笑着对兵哥说:"当然是特斯拉啦,这是一款电动跑车,据说新款跑车可以在3.2秒之内加速到时速100千米,是当前最热门的一款跑车。"

兵哥继续问道:"你知道特斯拉的创始人是谁吗?"

小萌一听又是自己擅长的话题,于是说:"特斯拉的创始人是埃隆·马斯克,一位非常牛的人,做过全球著名的支付工具PayPal,还创立了一家私人火箭公司SpaceX。"

"说得不错,埃隆·马斯克的确是一个牛人,他的过人之处不仅仅在于创立了很多非常牛的公司,还在于他向大家传递了一种非常棒的思考方式——第一性原理思考方式。"提到埃隆·马斯克,兵哥立即进入兴奋状态。

"什么是第一性原理呢?"小萌疑惑地问。

"第一性原理的意思很简单:就是打破一切知识的界限,回归到事物本源去思考基础性的问题,在不参照经验或其他的情况下,从世界的最本源出发思考事物。"兵哥自豪地向小萌解释,但一看小萌迷茫的眼神,知道小萌没有理

第3章
轻松搞定时间管理

解，于是接着解释，"举个例子，在特斯拉早期研制电动汽车的时候，遇到了电池高成本的难题，当时储能电池的价格是每千瓦时600美元。

"埃隆·马斯克从第一性原理出发，将电池组分解成最基础的材料组成部分：碳、镍、铝以及其他用于分离的聚合物，还有一个盒子。这些都是电池组最基本的组成元素。于是他去伦敦金属交易所购买这些材料，价钱是多少呢？难以置信，现在电池的价格居然是每千瓦时80美元。埃隆·马斯克凭借第一性原理，将电池从每千瓦时600美元降到每千瓦时80美元。"

"兵哥，我的理解是这样的，世上的万事万物都是貌似很复杂，我们要抛开这些蒙蔽双眼的复杂，深入思考，找到事物的本质。"小萌认真地解释着。

兵哥说："是的，你说得很对。我们无论做任何事，都要思考本质。当你把本质弄清楚了以后，做起事来就会感觉事半功倍。比如时间管理，它的本质就很简单：做少点、做重点、做快点。

"比如我现在让你在一小时内吃掉100个苹果，把你打死你都吃不完。同理，每天给你安排100件事情，如果每件事都非常耗时间，打死你也做不完。因此做好时间管理的第一步，就是学会做减法，做少点，把事情减少。比如把事情从100件减少到10件，那你就很有可能做完这10件事了。

"做减法分为两方面，一是减少已经揽下的工作，也就是把已经确定的100件事，按照轻重缓急，减掉一部分。二是减少别人即将交代给你的工作。你不能做好好先生，要学会拒绝，不能谁让你做什么事你就做什么事。"

小萌疑惑地问道："我作为职场新人，可以拒绝别人的请求吗？这样做会不会得罪人呢？"

"作为职场新人，你也要学会拒绝别人随意给你安排的工作。因为你开始拒绝别人，别人才会珍惜你的时间。如果你是一个好好先生，对于别人的请求来者不拒，那你以后会非常悲剧。

"当你把100件事情减少到10件事的时候，你要进行第二步，选出重要的事情，做重点。10件事中你要选出最重要的三件事，然后把这三件事按照轻重缓急排列好。

"第三步：做快点。前两个步骤都是在作选择，当你选出最重要的三件事以后，你就要做快点，也就是在最短的时间里把事情解决。"

　　兵哥接着对小萌说："第一性原理思考方式，是一种非常棒的思考方式。兵哥经常告诉你，深度思考比勤奋更重要，如何思考呢？就是使用第一性原理思考方式。时间管理的精髓就九个字：做少点，做重点，做快点。你把握住了这九个字，无论工作多么忙碌，事情多么复杂，你都能随时保持一颗清晰的头脑，知道自己该做什么。"

　　"服务员，结账！"说完第一性原理后，兵哥一边招呼服务员过来结账，一边问小萌，"刚才和你分享了时间管理的第一性原理，同样的道理，你觉得快速阅读的第一性原理是什么呢？你回去好好想一想。"

◆ 快速掌握时间管理精髓

　　"兵哥，我昨晚回去认真思考时间管理的精髓：做少点，做重点，做快点。深入思考后，觉得太棒了，抓住了这个精髓，时间管理就变得很轻松了。"一上班，小萌就和兵哥交流起时间管理。

　　"是的，做任何事之前，你都用第一性原理思考方法思考一下，做起事来就会事半功倍。比如人际交往这个领域，在中国是一个很有意思的领域。大家都知道人际关系很重要，但学校不会教你，老师不会教你，父母也不知道怎么教你，完全靠自己领悟。"兵哥又拿起心爱的咖啡杯和小萌交流。

　　"兵哥，从第一性原理出发，你觉得人际交往的核心是什么呢？"小萌开始向兵哥套话了。

第3章
轻松搞定时间管理

"绝大部分人活着都是为了得到名和利。人际交往中，你给他名和利就得了。"兵哥淡定地说。

"就这么简单吗？"小萌还是不理解。

"真理往往很朴实，人际交往就这么简单。和别人交往，第一件事是思考你能给别人带来什么。能带来名呢，还是能带来利？如果你只能带来无穷无尽的麻烦，那你就很悲剧了。关于人际交往这个主题，以后有空再和你交流。"兵哥说。

小萌接着问："兵哥，做少点，做重点，做快点这个精髓，我已经理解了，在实际工作中，我如何运用这个方法呢？比如今天我手头上至少有十件事，要邮寄快递，要写一份报告，要准备一次演讲，要给客户做培训……事情非常多，我该怎么处理呢？"

兵哥放下手中的咖啡，舒服地躺在沙发上，开启了讲故事模式："好的，小萌，兵哥给你讲一个故事。话说几十年前，美国伯利恒钢铁公司总裁曾因为公司濒临破产而向效率大师艾维利咨询求助。

"近半个小时的交流中，前20分钟艾维利耐心地听完其焦头烂额的倾诉，最后请他拿出一张白纸，并让他写下第二天他要做的全部事情。几分钟后，白纸上满满记录了总裁先生几十项要做的工作。

"此时，艾维利请他仔细考量，并要求他按事情的重要顺序，分别标出六件最重要的事情，同时告诉他，请他从明天开始，且每天都这样做：每天一开始，全力以赴做好标号为'1'的事情，直到它被完成，然后全力以赴做好标号为'2'的事，依次类推……

"艾维利认为，如果人们每天都能全力以赴地完成六件最重要的事，那么他一定是位高效率人士。他请伯利恒总裁自己先按此方法试行，并建议他，若他认为有效，可将此法推行至他的高层管理人员，若还有效，继续向下推行，直至公司每一位员工。

"一年后，作为此次咨询的报酬，艾维利收到了一张来自伯利恒公司的2.5万美金的支票。五年后，伯利恒钢铁公司一跃成为当时全美最大的私营钢铁公司。

"这个方法非常简单，第一步：列出今天要做的所有事。第二步：选出最重要的六件事。第三步：把第一件事做完后再做下一件。这个方法的核心思路是：上一件事情没做完之前，绝对不能做下一件事。"兵哥耐心地解释道。

"兵哥，如果中途有急事出现，不能继续做手头上的事，我该怎么办呢？"小萌好奇地问道。

"很简单啊。将手头上的这件事分解出一个'下一步行动'，然后把'下一步行动'记录在本子上就行。等你把杂事办完以后，再回头做刚才的事。举个例子，你正在写一份年终总结，突然，领导把你叫到他的办公室，那你就立即将'写年终总结'这个工作分解出'下一步行动'，你在本子上写'将第一段文字的字体改为楷体'，当你把领导的事处理完后，你回到办公桌前，看到本子上记录的'将第一段文字的字体改为楷体'，你就能回忆起此前的工作，就能迅速进入工作状态。"兵哥继续解释。

"好的，我明白了，对了，兵哥，为什么这么简单的方法会有这么惊人的效果呢？"小萌好奇的特质又开始发作了。

"为什么？因为这个方法包含了很多时间管理领域的关键原则，比如目标管理、优先原则、一次性把事情做好、帕金森定律、复杂的事情简单化、简单的事情流程化。对了，提醒一下，如果你想放大这个方法的功效，一定要记住：上一件事情没做完之前，绝对不能做下一件事。如果你没有坚持这个原则，那这个方法的效果会大打折扣。"兵哥认真地对小萌说。

"为什么呢？兵哥。"小萌坚持打破砂锅问到底。

"比如你正在写年终总结报告，前面写得很顺利，但写着写着觉得太难了，你就会想到逃避。你要知道，人类逃避痛苦的动力远远大于获得快乐的动力。如何逃避呢？当然是重新做另外一件事啦。比如把办公桌收拾一下，或者去门口收一下包裹，或者打开收件箱看有没有新的邮件，做什么事不要紧，但就是不会继续写年终总结报告。现在你明白为什么一定要坚持'上一件事情没做完之前，绝对不能做下一件事'了吧？"兵哥问小萌。

小萌说："兵哥，我明白了。坚持这个原则，就是给自己建立一个'防拖拉'制度，防止自己遇到困难的时候逃避。"

"对，很多人学了多年的时间管理，他们以为做时间管理，管理的就是时间。大错特错，时间管理，其实是管理你的意志力，是不断锻炼自己的自律。很多人学习时间管理，把大部分时间都浪费在寻找合适的软件，浪费在阅读大量的书籍上。这其实是不对的，你要做的不是找合适的软件，而是锻炼自己的自律。"兵哥最后说。

◆ 快速完成厌烦的事

"兵哥，前段时间我在网上买了件衣服，试了后觉得大小不合适。店主同意我退货，但我想到要将拆了包装的衣服包装好，要填写收件人地址，要联系快递员，要将包裹封装好，就觉得麻烦。结果这个包裹一直放在墙角，昨天我终于下定决心要寄出去，可是店主说退货日期已经过了，不能退款了。这事把我郁闷得啊！"一上班，小萌又来找兵哥哭诉。

"你郁闷你的衣服吗？"兵哥关心地问道。

"不是，衣服是小事，主要是这拖拖拉拉的性格让我太痛苦了。因为拖拖拉拉，我错过了太多的机会。所以想向兵哥请教，如何解决拖拉的问题。"

"这事好办啊，兵哥教你一个'痛苦时刻法'。"兵哥开始向小萌传授方法了。

"什么是'痛苦时刻法'呢？"

兵哥认真地解释："这个方法的原理很简单，面对烦琐的事、重复的事，我们的本能就会选择拖拉，并且会不由自主地将做这件事的痛苦放大很多倍。但事实上，如果你仔细想想，你会发现做这件事其实也花不了太多的精力和时间。

"这个'痛苦时刻法'很简单，你需要有一个倒计时的工作，你可以在手机里下载一个倒计时的软件，这样更方便。

"第一步：记下要做的事。比如将包裹邮寄出去、打扫卧室卫生、洗衣服。

"第二步：为这件事设置一个倒计时。按照兵哥多年来的经验，时间最长不要超过25分钟，因为我们做一件事的耐心不会超过25分钟。你可以设置25分钟，15分钟，10分钟，5分钟，等等。"

"就这么简单吗，兵哥？"小萌问。

"步骤就是这两步。但有一个关键原则，那就是：倒计时一到，就算手头上的事还没有做完，也要立即停止工作。"兵哥坚定地说。

"可是事情总归要做啊，如果没有做完怎么办呢？"小萌继续问道。

"很简单，那就先休息，去做别的事，等自己状态好了再设置一个新的'痛苦时刻法'。"兵哥淡定地说。

"好的，兵哥。刚好这里还有一个包裹，还有三天就到期了。我就尝试用'痛苦时刻法'试一试。"小萌说完，就跑出了兵哥的办公室。

兵哥看小萌的执行力这么强，的确是一个好苗子，觉得自己应该更用心地培养她，让她成为公司里的思维导图专家。

不知不觉，下午茶的时间到了，只见小萌拿着果汁兴奋地走到兵哥面前："兵哥，我上午试验了'痛苦时刻法'。我先设置了一个15分钟的倒计时。然后开始填写快递单，整理包裹，打电话约快递员。当我把包裹交到快递员手中的时候，我一看表，一共才用了两分钟！真让人难以置信。以前拖拖拉拉半个月的事，现在两分钟就搞定了！"小萌惊讶地说。

兵哥欣慰地说："我们拖拉，是因为放大了做这件事的痛苦。'痛苦时刻法'就是让我们直面痛苦，告诉自己，反正也就痛苦25分钟，时间一到，不管是否做完这件事，我都不再承担这份痛苦。其实人这一辈子就在做一件事：哄自己开心。既然做我们不想做的事很痛苦，那还不如和自己好好协商，和自己签订一个合同，只允许自己痛苦不超过25分钟。

"不管什么时候，我们都要温柔地对待自己，要深深地爱自己，对自己多一点儿耐心。不要像对待敌人一样吼自己，骂自己，责怪自己。"兵哥面带笑容地对小萌袒露了自己的观点。

◆ 轻松处理繁杂的工作

"兵哥，请教你一个问题。"上班后和兵哥交流一下，已经成为小萌每天的必修课了。

"问题是这样的，我前几天实践了你的2.5万美元时间管理法则，也就是每天把要做的最重要的六件事都列出来，并且只有完成第一件事后才能开始做第二件事。这个方法非常棒，现在我每天一上班，就先梳理今天的任务，然后逐个击破，一次只解决一个问题。头脑非常清晰，工作效率也非常高。但我实践了一段时间后，发现在实际工作中，还是会遗漏一些工作。如果手头上的项目比较少还好，如果项目多了，就会手忙脚乱，顾此失彼，整天都处于焦急中。我该怎么解决这个问题呢？"小萌总结了前段时间的工作，提出了新的问题。

"你终于遇到我预料到的问题了。"兵哥淡淡地说。

"兵哥，你怎么会预料到呢？"小萌的好奇心又上来了。

"很简单啊，我以前传授给你的方法，是用于解决单个问题的方法。现在你遇到了多项目同时进行的问题，当然要采用新的解决方法啦！"兵哥说。

"兵哥,什么方法呢?"小萌着急地问。

兵哥从包里取出了苹果手机,打开一款软件给小萌看:

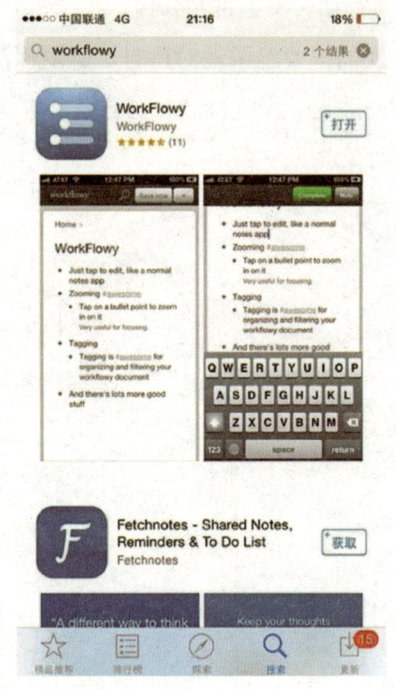

"兵哥给你介绍一款苹果手机的高效率软件'WorkFlowy'。这是一款设计非常简洁的软件,功能非常简单且实用,能很好地组织你大脑里的想法,能有效地管理你的所有项目。"

"兵哥,这款软件这么神奇,赶紧给我介绍一下使用方法呗!"听到可以管理自己的所有项目,小萌迫不及待了。

"好的,兵哥用自己的案例给你演示这款软件的使用方法。"

"你看,我用序号写下了我每天需要扮演的六个角色,分别是'锻炼身体者''充电者''业务主管''《思维导图高手》作者''小萌的师父''丈夫'。"

小萌感觉有些奇怪,为什么每天要扮演六个角色呢?

第3章
轻松搞定时间管理

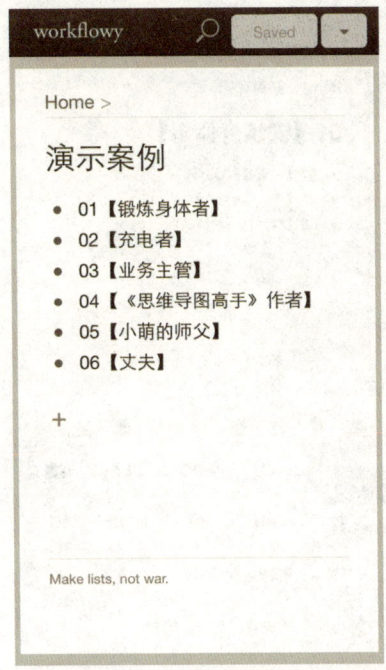

"小萌,很多高管虽然事业很成功,但婚姻很失败,子女教育也很失败。人生最大的痛苦不是事业失败,而是虽然事业成功了,但婚姻、家庭、身体都毁掉了。"兵哥谆谆教诲。

"兵哥,我明白了,人生的赢家不是单纯的某个角色做得优秀,不是通过牺牲爱人、子女等角色换取事业的成功,而是多种角色达到了一种平衡的状态。也就是既完成了事业的成功,又很好地履行了爱人、子女、父母等角色应尽的义务。"

兵哥说:"说得很对,小萌。我设立不同的角色,就是为了达到一种平衡的状态。我先给你介绍第一个角色'锻炼身体者'。

"作为锻炼身体者这个角色,我要求自己每天走8000步,每天喝8杯水,每周打一次篮球。

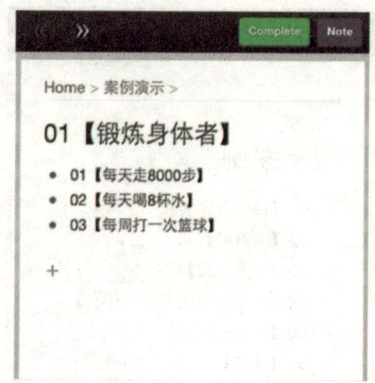

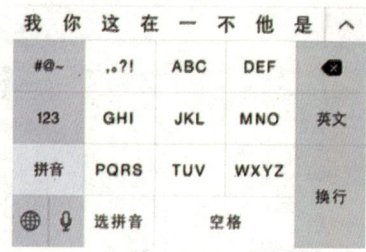

"'充电者'这个角色很重要,作为职场人,要树立一个观点:白天求生存,晚上求发展。什么意思呢?也就是白天要把工作做好,这是基础,到了晚上,要给自己充电,要不断充实自己。人和人的区别就在于工作的8小时之外。

"我最近的充电计划是每天读《智慧书》,这是一本能提高你情商的经典好书。还要每天和牛人交流15分钟,为什么要和牛人交流呢?因为你关注的人决定了你的世界。此外,还要每天看看管理学书籍,因为你目前遇到的问题,很多年前别人也已经遇到了,并且有些人也已经将解决问题的方法和经验都记录下来了。认真学习别人的经验,可以让你少走几年弯路。

"我一直觉得中国的书太便宜了,用几十元钱就可以买到别人几十年,甚至一辈子总结出的经验,真的太便宜了。

"'业务主管'这个角色呢,我本周有以下项目。

第3章
轻松搞定时间管理

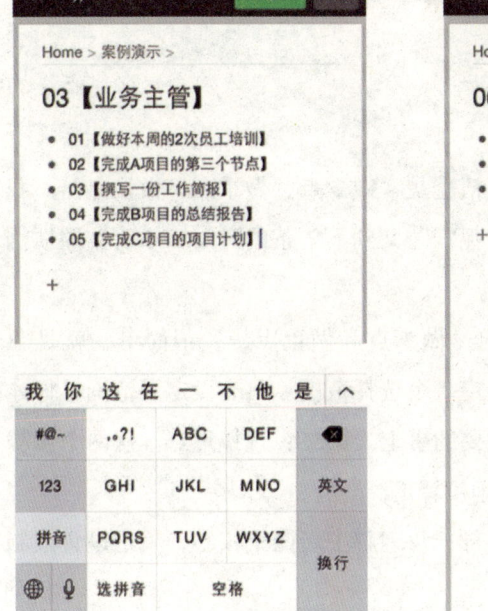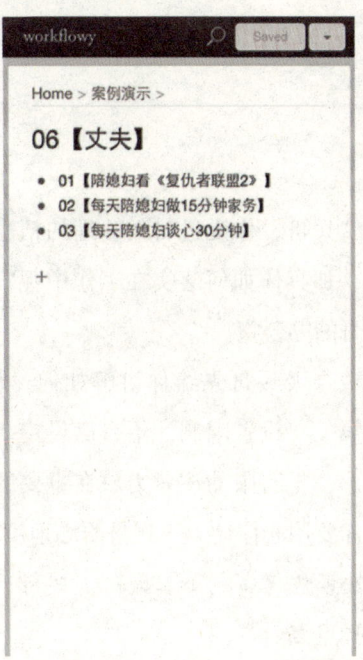

"你可以把本周需要完成的项目都列下来，写下来以后，你就将头脑从消耗严重的记住某项目中解放出来了。我们每天的能量都是定量的，其中，让大脑记住某件事是最消耗能量的，就像我们每天起床后都会分到一个蛋糕，而让某件事一直在大脑里萦绕，就等于从蛋糕中切掉一大块蛋糕。

"好了，兵哥给你演示最后一个角色'丈夫'。我为'丈夫'这个角色设立了以下几个项目。

"具体细节你从图片中可以看到。这里兵哥只提醒一句：工作诚可贵，爱情价更高哟！"

◆ 如何抓住工作的重点

"兵哥，你说过时间管理的精髓是'做少点，做重点，做快点'。我觉得很棒，那具体如何落实在工作中呢？"又到下午茶的时间，小萌按照惯例走进了兵哥的办公室。

"今天兵哥先给你讲解如何'做少点和做重点'，很简单，就是两个步骤。第一：设置限制。给自己设定一个选择范围。只有设定了范围，你才能拒绝诱惑，把有限的注意力放在重要的事上。第二：选择重点。这两个步骤很关键，你要用心体会。"兵哥耐心地解释道。

小萌思考了一下，说："兵哥，我理解了。两个核心，一是设置限制，二是选择重点。"

兵哥点了点头："是的，时间管理其实很简单，你不要被市面上那些'大湿'们忽悠了。把握好'设置限制'和'选择重点'这两个原则就好。"

"好的，我会牢记。对了，兵哥，具体该如何落实呢？"小萌好奇地问道。

"兵哥给你说一下如何落实。在邮件方面。我们一上班，都会打开电脑，看看收到了多少封邮件，但不知道你发现没有，我们一打开电脑，就会陷入时间黑洞，特别是看邮件，不知不觉一两个小时就过去了。"

小萌听完深有感触。兵哥一看小萌也存在这样的问题，于是说："在邮件方面我们如何做呢？

"第一步：设置限制。比如每天上午最多只处理7封邮件。第二步：选择重点。由于只能处理7封邮件，因此你只能挑选最重要的、最紧急的7封邮件。这样你的工作效率会大幅提升，并且也不会掉进'时间黑洞'中去。"

小萌挠了挠头，认真地说："这方法好。我以前一上班，光处理邮件就要花一个小时。现在通过限制，我可以把时间压缩在30分钟以内。兵哥你继续说。"

"现在我们大部分的时间都花在微信上了。我们该如何做呢？

"第一步：设置限制。比如上午只能玩30分钟微信。下午也只能玩30分钟微信。第二步：选择重点。由于每次只有30分钟，所以只能回复最重要的人的留言。

"关于工作上的事。如何处理工作上的事呢？第一步：设置限制。比如每天上午只做三件事。这样设置能减轻我们的压力，让我们更轻松地去面对工作。第二步：选择重点。由于只能做三件事，我们就会认真思考做什么事最重要。"

列举完三个重要的领域，兵哥拿起纸和笔准备开会了，对小萌说："刚才三个领域是常见的领域，你还可以在其他领域尝试一下。"

小萌很疑惑地问道："兵哥，为什么要对自己这么严格，为什么要做这样的限制呢？"

兵哥把纸和笔放进公文包，严肃地对小萌说："因为没有限制，你永远不可能强大。"

◆ 记录时间的秘密

"兵哥，我想提高自己时间管理的能力，请问你有什么绝招呢？"小萌问兵哥。

"绝招非常多，今天就给你传授一个绝招：记录时间。"

"小萌，你听过柳比歇夫吗？"

"没有听过。"小萌摇了摇头。

兵哥说："这是一位牛人，亚历山大·亚历山德罗维奇·柳比歇夫，生于1890年，苏联的昆虫学家、哲学家、数学家。一生发表了70余部专著，从分散分析、生物分类学到昆虫学等。各种各样的论文和专著，他一共写了五百多种。他发明了一种时间管理方法：柳比歇夫时间管理法。

"柳比歇夫时间管理法操作起来很简单，就是把每天做某事的时间记录下来，然后分析时间开销，总结时间开销，再重新安排自己的时间。"

"兵哥，那我该如何实践这个方法呢？是拿着一个本子整天记录吗？"小萌有些疑惑。

"十年前的确需要这样，但十年后的今天，有了智能手机，我们可以用手机来做记录，今天兵哥就推荐你一款软件：ATracker。

"这款软件可以记录你每天做每项工作的时间开销，并且可以对时间开销进行分析。"

"兵哥，我必须每天都进行记录吗？"小萌问。

"没有必要每天都记录，当我们工作状态不好的时间再记录。这些软件就像朋友，只需要在我们陷入低谷的时候，拉我们一把，但不是我们整个生活的全部依赖。"

◆ 记录时间开销的巨大收获

"兵哥,我用了你昨天介绍的记录时间开销的软件——ATracker,收获特别大!"小萌对兵哥说。

"都有哪些收获?说出来和大家分享一下。"兵哥问。

"我发现我以前严重低估了自己刷微博和刷微信的时间。以前我无聊的时间会刷微信,以为自己只是刷了几十分钟。使用软件统计以后,我发现自己每天居然花了四个小时刷微信,这太让我震惊了。所以今天我开始减少刷微信的时间。

"我还发现严重高估了自己做重要事情的时间。以前我认认真真工作一天后,以为自己在重要的事情上花了很多时间,会有不切实际的成就感,但通过软件统计时间以后,我发现每天只花了三个小时在重要的工作上,算下来还没有刷微信的时间多,这又一次震惊了我!"小萌有些惊讶地和兵哥解释。

兵哥说:"你说得没错,很多人都没有意识到记录每天时间开销的巨大价值,总体而言,如果我们养成记录时间开销的习惯,就会有以下几个方面的收获。

"收获一:战胜拖拉。通过记录时间,我们会更愿意去做平时不想做的事。因为记录时间,你会发现完成这件事的时间就是自己的奖励。比如我平时不喜欢做家务,但我设置了'做家务'这个栏目,昨天做了39分钟的家务,把碗洗了,把地板拖了,不仅没有感觉疲惫,还感觉很有成就感。

"收获二:认清时间都浪费在哪里。正如你刚才所说,我们会严重低估自己花在刷微信、刷微博上的时间,但通过记录,你会发现自己经常花了比想象更多的时间在这上面。

"收获三:认清每天做重要事情的时间。很多时候我们会高估做重要事情的时间,以为自己一整天都在干活,但通过记录和分析时间开销,你会发现自己花在重要事情上的时间很少。有时花在重要事情上的时间，还不如花在刷微信的时间多。

"收获四：开始珍惜时间，由于知道时间的去处，自己会开始养成珍惜时间的好习惯。

"收获五：迅速进入某种特定的状态。用了计时软件，我们会形成一个仪式，那就是我们做某件事之前会打卡，表示自己正在做这件事，做完后会继续打卡，表示自己已经做完了这件事。这种仪式感，是在告诉自己的潜意识，已经切换工作了，能让自己迅速进入某种状态，比如迅速进入工作状态，迅速进入娱乐状态。

"学会记录时间开销，是你不断完善自己的一个重要步骤。通过记录时间开销，你会遇见更好的自己。"

◆ 你每天做的事

"兵哥，我这几天继续使用你介绍的时间开销记录软件ATracker。感觉很震撼！"小萌开始和兵哥交流。

"每个用了这个软件的人都会觉得很震撼，你说说你都有什么心得体会呢？"兵哥看着小萌一天天成长，从内心深处感到很有成就感，于是开始引导小萌学会总结的习惯。

"最大的感受，是它颠覆了我对时间的认识。以前我总高估自己花在重要事情上的时间，低估自己花在刷微信上的时间，但在冰冷的数据面前，我被一盆冷水泼醒了。

"对于我来说，近期重要的事情是写年终总结报告，但开始统计时间开销以后，我发现每天用在这个报告上的时间只有58分钟，但花在刷微信上的时间却是2小时47分钟。我这几天已经逐渐减少刷微信的时间了，开始把时间花在写报告上。

"收获二：睡眠质量得到改善。我为什么会这样说呢？因为没记录时间前，我总以为自己每天睡眠超过8个小时，记录后才发现每天只睡了5个小时左右。

"现在睡觉前我会打卡，醒来后再次打卡。通过打卡这个仪式，我感觉是在告诉我的潜意识，我现在进入睡眠时间，这是一段不会去做其他事情的时间。通过这样的暗示，我现在的睡眠质量很高，比如昨晚我是22:41睡觉，今天5:51起床，一共睡了7小时10分钟。

"这样记录还有一个好处，那就是我今天睡了7小时，明天我继续珍惜7小时这个成果，我会继续保证充足的睡眠时间。

"收获三：心如止水。我现在无论做什么事，都会先打卡上班，等这件事做完了我再打卡下班，这种仪式感能让我在做事的时候快速进入心如止水的状态。

"兵哥，总体而言，很感谢你推荐我学习记录时间开销这个方法。"

兵哥微笑着对小萌说："记录时间开销对于我们来说非常重要，希望你继续享受记录时间这个过程，养成一个很好的习惯。"

◆ 如何快速进入工作状态

"兵哥，我想知道如何让自己快速进入工作状态呢？比如我昨天写了一个报告，写到一半临时有事就走开了。我今天上午再继续写这份报告的时候，怎么都找不到昨天的状态了。"小萌向兵哥请教。

"你的问题很多人遇到过，那就是手头的项目做到一半突然停止了，等回来继续上手的时候很难找回状态，不知道自己该做什么了。"兵哥向小萌解释。

"这个问题很简单，用兵哥自创的毛线工作法就能解决。"

"什么叫毛线工作法？"小萌有些不解。

兵哥解释道："当我们正在完成某个项目的时候，就类似于在解开这团毛线，中途有事要离开，等你回来想继续解开这团毛线，却不知道该如何下手了。

"下一次你中途有事要离开,不要立即走开,而是在纸上写下能推进该项工作的下一步行动。类似从这团毛线中抽出一个线头。

"当你想继续完成这项工作,就像想继续解开这团毛线一样,你只需要顺着这个线头往下扯就行啦!

"这个方法很简单,但效果非常好,能让你快速进入工作状态。比如你正在制作一个演讲PPT,中途有事离开,你可以留下这样一个线头:将第3页PPT的字体改为宋体。再比如,你正在写一篇年终总结,中途有事离开,你可以留下这样一个线头:将第4段的开头重新修改。

"此外,这个习惯还可以用在下班的时候,快下班了,你不要着急离开,而是将手头工作列出下一步行动,你会发现第二天能快速进入工作状态。"

◆ 一次性把工作做完

"兵哥,我最近在反思自己,发现自己有一个坏习惯,那就是容易放弃手头上的工作。"小萌和兵哥交流。

兵哥认真地说:"你举个例子来听听。"

小萌随口答道："比如我刚才正在做一个汇报用的PPT，刚开始还挺简单的，但越往后做就越难。这个时候我就想站起来去喝水，我看到小李也在饮水机那里喝水，就和他聊了一下彼此最近的工作，一聊就聊了30分钟。"

"我把这种习惯称为习惯性放弃。如果你养成这样的坏习惯，在工作中遇到困难的时候就会容易放弃、容易逃避，随着放弃、逃避的次数越来越多，你以后在操作更大项目的时候，遇到了困难也会选择放弃，也会选择逃避。因为放弃和逃避已经成为你的习惯了。"

小萌顿时觉得很可怕，赶紧问兵哥："那我该怎么办啊？"

"很简单啊，就是养成一次性把工作做完的习惯。你可以从每天的很多小事做起，不断训练自己的自律性。其实我们每个人的自律性就像肌肉一样，经常锻炼就会越来越发达，越来越强壮，如果不锻炼的话，就会逐渐萎缩，逐渐松弛。

"例如你正在做PPT，突然想喝水，你就问问自己，我是因为真的渴了才想喝水呢，还是因为想逃避眼前遇到的困难才想喝水？你要真诚地面对自己，不要自欺欺人。

"通常情况下，我们会选择做一些事来逃避遇到的困难，比如喝水、上厕所、给某人打电话、把桌子擦干净、把书重新摆放。你要随时保持敏感，保持觉察，发现自己有这些举动的时候，要克制自己，让自己一次性把事情做好。"

◆ 如何养成好习惯

"兵哥，我想养成很多好习惯，比如每天做个人总结，每天锻炼身体，每天收拾杂乱的办公桌，但我坚持了一段时间后，就坚持不下去了，请问我该如

第3章
轻松搞定时间管理

何养成这些习惯呢？"小萌问兵哥。

兵哥说："我们要想养成良好的习惯，需要注意以下几个方面。

"第一：习惯要可测量。例如你想养成锻炼身体的习惯，但你没法测量这个习惯是否已经完成。你可以把这个习惯细分为一个个可测量的目标。比如每天慢跑20分钟，或者每天做30个仰卧起坐，这样你就可以知道每天是否达到目标。

"比如你想每天做个人总结，这个习惯也没有办法测量，你可以将这个习惯细分为可测量的目标，比如每天写150字的个人总结。

"第二：刚开始时压力不要太大。我们循序渐进，慢慢地改变自己，我们在高速路上以时速100千米的速度向前开，现在要以时速120千米的速度向后开，这种情况下，我们不能猛地踩一个急刹车，然后立即掉头，这样会对车子有很大的损害，这个方式也不现实。

"好的方法是慢慢将向前的速度从100千米每小时降低到20千米每小时，然后再慢慢掉头，逐渐增加到120千米每小时。这样对车子的损害小，实现的可能性也大。

"养成一个习惯也是这样。我们不能生硬地将自己扭转过来，而是要循序渐进地慢慢来，比如以前从来都不运动，现在想锻炼身体，可以从每天慢跑10分钟开始，坚持10天后，再提高到慢跑20分钟，20天后再提高到慢跑30分钟。

"如果刚开始时目标设定得很小，我们就能很容易地完成目标，容易积累信心，这个很关键。

"第三：要记录自己的成长过程。如果没有记录，我们不知道自己走到哪一步，不知道自己已经取得哪些成果了，这样我们很容易放弃。

"你可以用纸和笔，记录自己已经连续多少天完成目标了，记住，一定要是连续多少天完成目标，积累的天数越多，我们越会珍惜自己的付出，越会努力想完成每天的目标。

"推荐你三个方法，方法一：买一本纸质的台历，当完成当天的目标以后，就在日期上标记自己喜欢的颜色。

"方法二：在手机里的台历中做标记，这种方法和第一种类似，只是从纸质台历换成了电子台历。

"方法三：下载打卡软件。兵哥我已经试用过很多款这样的软件，今天推荐你这款苹果手机上的软件：天天打卡。

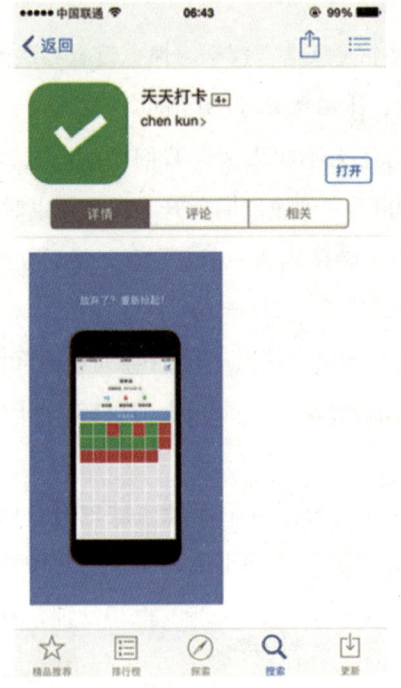

"软件使用方法很简单，设定一个习惯，如果完成了就点击一下打卡完成。这款软件设计很实用，是我用过的此类软件中最好用的一款。方法不在于多，管用就行。"

◆ 让自己变得更好（一）

"兵哥，我这几天一直在学习你介绍的改变习惯的方法，我想让自己变得更好，更优秀。请问我该把握哪些原则呢？"小萌问兵哥。

"你这个问题问得很好，如果想让自己变得更好，你需要坚持一个原则：从小处入手。"兵哥对小萌说。

"什么叫从小处入手呢？"小萌有些疑惑。

"比如你想养成锻炼身体的习惯，不是一开始就跑10千米，而是第一天先跑20分钟，跑了一周以后，再改为每天跑25分钟，这就是从小处入手。"兵哥说。

"从小处入手有什么好处呢？"小萌问。

"好处很多啊。其一：保持自己的激情。很多人是急性子，做什么事都是三天打鱼两天晒网，比如锻炼身体，高兴的时候连续跑两天的五千米，不高兴的时候就整天躺在家里。

"很多人都知道情商很重要，其实情商分为两种，一种情商是指会来事，另一种是指能控制自己的情绪。情商高的人，会在懒惰的时候，调节好自己的情绪。

"我们每天的激情就像汽车里的汽油，是有一定额度的，如果一开始用得太多，剩余的就会很少了。因此，在养成好习惯的过程中，我们要从小处入手，每天只做一点点，保持住刚开始的激情。

"其二：积累信心。养成一个好习惯，信心非常重要。我们都知道，信心和成功之间的关系很有意思，越有信心，我们会越成功，我们越成功，就会越有信心，这是一个良性循环。

"但问题来了，如何获得最初始的成功，以启动这个良性循环呢？答案就是从小处入手。刚开始设立很小的目标，并且让自己轻松地完成这个目标，轻松地获得小成功，小成功就会启动小信心，小信心就会启动更大的成功。

"如何从小处入手呢？举例来说，想锻炼身体，可以从每天锻炼十分钟开始；想高效办公，可以从锻炼自己注意力高度集中五分钟开始；想养成良好的饮食习惯，可以从每天多喝三杯水开始；想保持电脑桌面清爽，可以从删除桌面上三个无用的文档开始……简而言之，从小处入手，你会变得更好。"

◆ 让自己变得更好（二）

"兵哥，我每天感觉自己忙忙碌碌，但又没有成果，我该如何解决这个问题呢？"小萌问兵哥。

"造成你忙碌但没有成果的原因有很多，能解决这个问题的方法也很多，今天兵哥给你推荐一个方法：每天只设定三个目标。"兵哥开始向小萌解释。

"我们要学会养成一个习惯，那就是早起以后，认真思考今天要完成的三个重要目标，并且在头脑里将完成每一个目标的过程演练一遍。"

小萌有些疑惑："什么叫演练一遍呢？"

兵哥解释道："就是在大脑里想象一下自己完成这个目标的过程，完成后的感觉。你不要小看这一步哟，这一步非常重要。如果你每天都演练一遍，就等于是告诉你的潜意识，你今天将要做什么，你的潜意识会调动你的各种资源来协助你完成你的目标。"

"兵哥，我有一个疑惑，为什么只设定三个目标呢？"小萌问。

兵哥说："因为设定更多个目标，会分散你的精力，上次我和你说过了，人每天的精力都是有一定额度的，如果要做的事太多，分配到每一件事上的精力就会非常少，并且自己也会抓不住重点。"

"如果设定一两个目标，会出现当这两个目标都暂时无法向前推进的时候，我们不知道该做什么。因此三个目标是最佳的选择。

"小萌，做时间管理，管的不是你的时间，因为时间一直在流逝，这个我们管不了，我们管的是自己，管的是自己完成目标的能力，最终管的是自己的意志力，换句话说，做时间管理，核心在于自律。"

◆ 让自己变得更好（三）

"兵哥，我做事总是拖拖拉拉，特别是在周末，心想总算有两天完全属于自己了，特别高兴，于是计划着做很多事，但结果是两天什么成果都没有，我这是怎么回事呢？"小萌向兵哥请教。

"你应该是患上帕金森定律综合征了。"兵哥解释道。

"什么是帕金森定律？"小萌有些疑惑。

兵哥说："帕金森定律是英国人诺斯古德·帕金森在1958年提出的一个有趣的定律，他指出，人们完成一项任务的时间和你给他的时间成正比。

"什么意思呢？现在让你写一篇论文，如果给你一个月的时间，你就会用一周的时间来定主题，一周的时间来搜集资料，一周的时间来推敲每一个字，然后在截稿的前一晚才把论文写出来。

"如果只给你一天的时间，你会迅速定下一个主题，快速搜集资料，总之，你也能在一天内将论文上报。并且用一天完成的论文不比一个月完成的论文质量差。"

"为什么会出现这样的情况呢，兵哥？"小萌对帕金森定律很感兴趣。

"因为一项任务的时间越长,我们会不由自主地做很多无用的事来填满这些时间。"兵哥解释。

"兵哥,那我该如何利用帕金森定律呢?如何才能提高自己的工作效率呢?"小萌想不断改进自己。

"很简单啊。那就是在做一项工作前,为这项工作设立一个时间限制。比如我每天写一篇文章,都是设置50分钟的倒计时。我想打扫房间,我也设置10分钟的倒计时。使用了倒计时以后,工作效率明显提高,并且拖拉现象明显减少,对一项任务的抗拒也会明显减少。

"这样,兵哥给你推荐两款手机软件,这两款软件可以提高你的工作效率。

"第一款软件:ovo倒计时。这款软件可以设置任何时间的倒计时,并且在设置倒计时的时候,可以用手在屏幕上滑动,很有意思。这款软件适合一些小型任务,比如花15分钟打扫房间,花18分钟跑步。

第 3 章
轻松搞定时间管理

"第二款软件：番茄工作法。一个番茄就是指25分钟。这款软件适用于工作中，比如用两个番茄的时间来写一份报告，用一个番茄的时间向同事请教问题。

"将这两款软件配搭起来使用，你的工作效率会提升一倍以上。这两款软件是我实践多年，试用了几十款软件后精心挑选出来的，你要珍惜哟。"

思 维 导 图 高 手

第 4 章

强化自我学习能力

◆ **用思维导图学习生物和化学**

前几天有一个微信好友问我，如何用思维导图学习生物、化学。今天写这篇文章回答他的问题。

考试这件事我们经常遇到，中考、高考、考研、职称考试等。如何通过考试呢？我们需要做到几点：考试前理解知识点、考试前记住知识点、考试中运用知识点。

思维导图在这三个环节中如何运用呢？

首先，我们可以运用思维导图在考试前理解知识点。

比如生物这门课程，它的知识分为知识点和由知识点组成的知识网络。对于单个知识点，我们可以这样学习：

一是将该知识点做成思维导图。注意，不要复制粘贴到思维导图中，如果时间允许，最好用手敲进思维导图，这样能够加深记忆。

二是用5W2H将该知识点分解。比如这个知识点是什么，有什么用，在哪儿可以用，在什么场合下可以用，这样能进一步理解该知识点。

对于由知识点组成的知识网络，我们可以这样学习：

将某一主题的知识网络做成一个思维导图。首先在复习的时候能够更加系统全面地了解该主题的知识网络。

其次，我们可以运用思维导图在考试前记住知识点。

事实上，记住知识点和理解知识点是相辅相成的。理解了某个知识点，记住它就会很轻松。但要记住某个知识点，核心的秘籍就是重复、重复再重复。

我们把知识点做成思维导图后，可以随时随地复习，在厕所里，在床上，在公交车上，并且可以不用带厚厚的书，只需要带一个平板电脑，把思维导图导入平板，复习就会非常方便轻松。

最后，在考试中运用思维导图。

对于选择题、填空题之类的，可以轻松解决。对于运用题这样的大题，可以采用思维导图分析，主要分析以下几点：

这个题目想考哪个知识点？

对于这个知识点我知道的有哪些？

如何用我知道的知识点来解决这个题目？

以上几个问题看似简单，但非常管用。应试教育考的就是你运用某个知识点的能力。看到一个题目，如果不知道这道题想考查哪个知识点，那我们怎么知道该用哪个知识点去解答呢？

◆ 如何快速学习新事物

"兵哥，我今天想和你讨论一下如何学习新事物，因为我发现自己学习新事物的速度很慢。"小萌对兵哥说。

"学习新事物是有捷径的，主要有两个方法。方法一：把别人教会。方法二：用自己简短的语言把别人教会。"兵哥对小萌说。

"我们先看第一种方法：把别人教会。这个方法来源于美国国家训练实验室的一个数据，他们研究后发现，学习分为两种，被动学习和主动学习。如果我们学习100个知识点，只是单纯听讲的话，我们最多只学到5个知识点，如果我们把学到的知识点教给别人，并且把别人教会了，那我们就能学到90个知识点。具体可以看下面的这张图。

"方法二是用自己简短的语言把别人教会。"

小萌有些疑惑："兵哥，为什么这里要强调用自己简短的语言呢？"

兵哥说："答案很简单，因为对于某个概念，只有做到能用自己的语言来轻松表达的时候，才说明你真正掌握了这个概念。你可以把能否用自己语言表达某个概念作为一个标准，来判断自己是否已经掌握了这个概念。

"正所谓大道至简，真正的大师能用最简短的几句话向你解释很多深奥的道理。以后你遇到大师，你就直接问他某个概念什么意思，如果他能够轻松解释，那可以判断他是货真价实的大师。"

◆ 思维导图速读法（一）

"兵哥，我发现自己的阅读速度很慢，很想学习快速阅读，你有什么方法呢？"小萌开始向兵哥请教。

兵哥说："快速阅读对我们的确很重要，现在是知识爆炸的时代，如果我们不掌握快速阅读的技巧，就很有可能被时代抛弃。据统计，19世纪到20世纪初，知识更新周期为30年，20世纪六七十年代，一般学科的知识更新周期为5~10年，而到了20世纪八九十年代，许多学科的知识更新周期缩短为5年，现在，许多学科的知识更新周期已缩短至2~3年。

"快速阅读是我们必备的核心技能之一。如果掌握了快速阅读，那么你就可以在更短的时间里获得更多的知识，拥有更强的竞争力，能更好地在这个社会上立足。"

小萌认可地点了点头："是的，我已经意识到快速阅读的重要性了，那快速阅读的原理是什么呢？"

兵哥不假思索地回答："快速阅读中的快，主要体现在两个方面，一是读得快，二是理解得快。其实快速阅读和吃饭是一个道理。我们吃饭是为了什么呢？当然是为了让身体更强壮，快速阅读也是一样，是为了让大脑更强壮。如何做好快速阅读呢？可以从以下三方面入手。

"第一：挑选好的书籍。如果我们每天只是吃草，那身体不会强壮，只有多吃一些肉和牛奶才能更强壮。阅读也是一样，光看碎片化的微信上的文章、微博上的文章，也不会让我们的大脑更强壮，我们要多看那些经典的书籍，干货多的书籍。

"第二：加快阅读速度。如果我们一分钟只吃一口米饭，这个速度会让我们饿死。同理，如果我们阅读速度太慢，那也会出现知识饿死。因此要加快阅读速度。

"第三：加快理解速度。如果你一分钟吃100口米饭，那会引发消化不良。学知识也是一样，你只追求学习，但不注重理解和消化，最终会变成眼高手低的废人。"

兵哥反问小萌："你听过特斯拉没有？"

小萌被问得一头雾水："听过啊，就是那个特别酷的电动车。"

"是的，特斯拉的创始人埃隆·马斯克非常牛，他曾经说过，他是运用第一性原理来思考的。

"第一性原理是这样表述的：在每一系统的探索中，存在第一性原理，是一个最基本的命题或假设，不能被省略或删除，也不能被违反。我们如何理解第一性原理呢？第一性原理类似数学中的公理，也就是一些不证自明的命题，是数学中很多逻辑推理的基础。

"比如1+1=2，可以把这个看成一个公理，我们从小学开始学习数学，都是基于这一个公理。由1+1=2，我们知道2+3=5。为什么呢？因为1+1=2，1+2=3，那么，2+3=1+1+1+1+1=5。无论数学如何千变万化，只要我们理解了1+1=2这个公理，理解这个第一性原理，就可以把数学搞定。我们要养成一个习惯，做任何事都要思考这件事的第一性原理是什么，这件事的本质是什么。

"如何把第一性原理放入快速阅读呢？如果你认真思考过这个问题，你就知道快速阅读的本质很简单，那就是从两个'快'入手，一是阅读速度快，二是理解速度快。

"随后的这一周，我会教你如何精通快速阅读，但你要深刻认识快速阅读的本质，就是提高阅读速度和理解速度，这是我教给你所有技巧的目的。不忘初心，方得始终。把握住这个核心，你就能在最短时间里精通思维导图了。"

兵哥接着对小萌说："小萌，如果你想学会思维导图速读法，你首先得知道你为什么阅读速度慢。"

小萌想了一会儿："这个问题我从来没有认真想过。"

"你看看下面的这张图。

第4章
强化自我学习能力

"从数字1到数字2,中间一共有6块砖头。如果你从1走到2,你有两种走路方法,第一种,你是1块砖头1块砖头地走,第二种,你是3块砖头3块砖头地走,你觉得哪种方式能更快地到达终点?"

"这个问题太简单了,当然是按照每次3块砖头的方式。"小萌轻松地答道。

"是的,把快速阅读用到日常生活中的走路上,就很好理解了。快速阅读也是这样的,造成我们阅读速度慢的原因就是逐字阅读。

"为什么逐字阅读会影响阅读速度呢?主要有两方面的原因。其一:逐字阅读比模块阅读速度慢。其二:逐字阅读影响对文章的整体理解。举个例子,你尝试阅读下面的这段文字。

我 今 天 很 高 兴, 因 为 我 学 到 了 很 多 思 维 导 图 技 巧, 帮 助 我 厘 清 了 思 路, 让 我 的 思 维 导 图 功 力 又 上 升 了 一 个 台 阶。

"你是不是感觉阅读起来很痛苦呢?"

小萌看了一会儿,对兵哥说:"是的,特别是我这种有强迫症的人,阅读这样的文字的确很痛苦,速度非常慢。"

兵哥听完哈哈大笑:"很多人在遇到难以理解的文章时,会下意识地觉得逐字阅读能提高理解力,但他们错了,相反,应该采用模块阅读的方式,提高阅读速度,更重要的是提高理解力。

"我对你说过,快速阅读的快体现在两方面,一是阅读速度快,二是理解速度快。刚才我罗列的那段话,是把一个个完整的、具有特定意义的语句拆分为一个一个的字。现在,你尝试阅读下面这个例子。

我 今天 很高兴, 因为 我学到了 很多 思维导图 技巧, 帮助 我 厘清了 思路,让 我的 思维导图 功力 又 上升了 一个 台阶。

"这样阅读有什么感觉呢?"兵哥问小萌。

小萌说:"感觉好很多了。我发现这次阅读的时候,一次可以看到一个完整的词语。这样就大大提高了我的理解力。"

兵哥说:"是的,当我们从逐字阅读改为模块阅读,也就是每次不只看一个字,而是看一个有意义的词,甚至看一段有完整意义的句子,我们的阅读速度就能显著得到提升。

"小萌,你可以这样计算,以前一次只看一个字,现在一次看两个字,那阅读速度是不是提升两倍呢?如果现在一次看五个字,阅读速度是不是提升五倍呢?快速阅读非常简单,你跟着兵哥的节奏来学习,不到10天,你的阅读速度可以提升五倍以上,一天看一本书不是问题。"

◆ 思维导图速读法（二）

"兵哥，我发现自己看书的时候总是走神，该怎么办呢？"小萌最近把学习快速阅读中遇到的问题和兵哥交流。

"看书的时候走神很正常啊，绝大部分的人都会走神。这是人的本能。在几千万年前，我们的祖先还是原始人的时候，他们每天的首要任务是活下来。怎么才能活下来呢？第一，找别的动物来吃。第二，别被别的动物吃掉。

"为了完成这两项任务，他们必须时刻保持高度警觉，你可以晚上在坟地里溜达溜达，就能体验到时刻保持高度警觉的感觉了。

"为了保持高度警觉，他们的眼睛要四处活动，要注意寻找移动的物体，因为移动的物体很有可能是危险的动物。

"简而言之，人的眼睛天生下来就不善于捕捉静止的物体，它善于捕捉移动的物体。而看书这种捕捉静止文字的活动，简直就是违背人类本能的活动。所以我才说，你看书的时候会走神是正常的事，绝大部分人都是这样的。"

小萌思考了一会儿，对兵哥说："你这样解释我就放心了。我总以为自己是怪人呢。那我该怎么解决这个问题呢？"

"很简单啊，创造一个移动的物体就行啦！"兵哥轻松地答道，"你以后阅读文字，如果是书本的，就用手或者笔指着书读，如果是电子书，用鼠标指着读就行。这个方法很简单，但能让你的阅读速度提高2～4倍。小萌，我给你举个例子，说明如何用鼠标帮助自己快速阅读。

在过去几年里,我的商业伙伴蒂姆·德拉姆和我有了一个机会,可以帮我们弄清楚这种经商的方式是否真的奏效。我们几乎没有钱开公司,但多亏有蒂姆的远见卓识和出色的管理能力,我们第一年的收入就达到了5 000万美元。我们现在是一个上市公司,收入近1亿美元。我们拥有的所有公司都在盈利。我们用黑曜石公司的成功就可以证明这个方法很奏效。你也可以使用这个方法,即便你所在的行业和我们的行业一样,被人们看做是没有什么吸引力的行业,如拖拉机制造厂或者轮胎回收公司等等。

"你看上面这段文字,没有经过快速阅读训练的人是这样读书的。

在过去几年里,我的商业伙伴蒂姆·德拉姆和我有了一个机会,可以帮我们弄清楚这种经商的方式是否真的奏效。我们几乎没有钱开公司,但多亏有蒂姆的远见卓识和出色的管理能力,我们第一年的收入就达到了5 000万美元。我们现在是一个上市公司,收入近1亿美元。我们拥有的所有公司都在盈利。我们用黑曜石公司的成功就可以证明这个方法很奏效。你也可以使用这个方法,即便你所在的行业和我们的行业一样,被人们看做是没有什么吸引力的行业,如拖拉机制造厂或者轮胎回收公司等等。

"我称这种方式为阅读1.0版本。也就是逐字阅读,这种方法阅读速度很慢,并且对文字的理解效果不好。如果你是阅读电子档的书,你可以用鼠标点击文字,每次都以一个完整的词组或者句子为一个模块,每次阅读一个模块。如果你是新手,你可以这样阅读。

在过去几年里,我的商业伙伴蒂姆·德拉姆和我有了一个机会,可以帮我们弄清楚这种经商的方式是否真的奏效。我们几乎没有钱开公司,但多亏有蒂姆的远见卓识和出色的管理能力,我们第一年的收入就达到了5 000万美元。我们现在是一个上市公司,收入近1亿美元。我们拥有的所有公司都在盈利。我们用黑曜石公司的成功就可以证明这个方法很奏效。你也可以使用这个方法,即便你所在的行业和我们的行业一样,被人们看做是没有什么吸引力的行业,如拖拉机制造厂或者轮胎回收公司等等。

"我称这种方式为阅读2.0版本。每个小框表示鼠标每次点击的地方,也就是每次眼睛应该盯着的地方。我给你选出来的小框,都是一个完整的词组,比如'我的''商业伙伴''有了一个机会''经商的方式'。"

"比起逐字阅读,阅读这样一组词组,你的速度能提高3~5倍,此外,由于你阅读的不是单个的字,而是一个完整的词组,你的理解能力也会提升2~3倍,总体算下来,你的阅读速度就比以前提高5倍左右。"

"快速阅读其实很简单,你不要想得太复杂了。如果你想再一次提高自己快速阅读的能力,你可以这样阅读。"

在过去几年里,我的商业伙伴蒂姆·德拉姆和我有了一个机会,可以帮我们弄清楚这种经商的方式是否真的奏效。我们几乎没有钱开公司,但多亏有蒂姆的远见卓识和出色的管理能力,我们第一年的收入就达到了5 000万美元。我们现在是一个上市公司,收入近1亿美元。我们拥有的所有公司都在盈利。我们用黑曜石公司的成功就可以证明这个方法很奏效。你也可以使用这个方法,即便你所在的行业和我们的行业一样,被人们看做是没有什么吸引力的行业,如拖拉机制造厂或者轮胎回收公司等等。

"我称这种方式为阅读3.0版本。也就是每次以一个完整的句子为一个模块,每次阅读一个完整的句子,这样快速阅读能力可以得到更大幅度的提升。这种方法看书会让你感觉更过瘾。此外,如果你看书能达到这样的境界,说明你的思考速度已经非常快了。"

小萌想了一下,问兵哥:"兵哥,那我该如何做到一目十行呢?"

兵哥反问小萌:"你为什么要做到一目十行呢?"

小萌想了一会儿:"我没有认真想过这个问题,只是想提高阅读速度。"

兵哥微笑着对小萌说:"不忘初心,方得始终。当你迷茫的时候,就要停下来想想自己为什么要做这件事。你学习快速阅读的初衷,是想在尽可能短的时间里学到最多的知识,然后运用这些知识去解决自己遇到的问题。你的目的是解决问题,快速阅读只是达到这个目的的手段而已。想通过看书学知识来解决问题，理想中的状况应该是这样的。

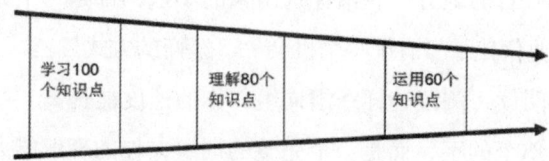

"先学习了100个知识点，然后只理解其中的80个知识点，最终使用了60个知识点，在这60个知识点的帮助下，问题顺利得到解决，这次知识学习的过程圆满结束。这是理想中的状态。但事实上，很多人只是喜欢学习知识，是为了学习而学习，而不是为了解决问题而学习，他们的学习模型是这样的。

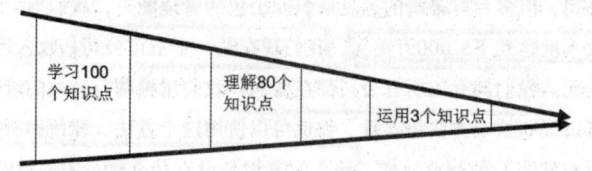

"他们先学习100个知识点，然后理解其中的80个知识点，但最后只运用了其中3个知识点。3个知识点不能解决自己遇到的问题，他们不会觉得问题的原因是自己没有运用所学的知识点，而认为原因是自己学的知识点太少，是学习速度太慢，是自己记忆力太差。于是他们花大力气去学习快速阅读，学习快速记忆，于是新的学习模型是这样。

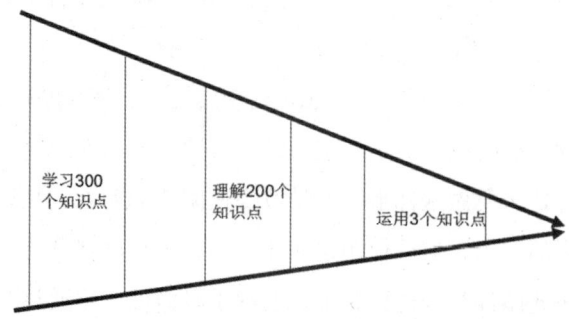

"通过疯狂的训练,他们学到了300个知识点,也理解了其中的200个知识点,但还是只运用自己所学的3个知识点,仍然不足以解决遇到的问题,于是他们开始痛苦,觉得问题还是出在自己快速阅读能力不强上。事实上,问题就是出在没有学以致用。我提倡大家都掌握快速阅读技巧,但不提倡大家把掌握一目十行作为自己的目标,这种目标的性价比太低,付出和收获不成正比,得不偿失。"

◆ 思维导图速读法(三)

"小萌,今天兵哥继续教你如何提高阅读速度。"说完,兵哥拿出了一本书,"这本书名叫《全新思维》,你看过这本书吗?"

小萌摇着头回答:"没有看过。"

"那就好,今天的练习就是要选择一本你没有看过的书。这个练习名叫3-2-1练习法。"

小萌好奇地问道:"为什么叫3-2-1练习法呢?"

"因为这个练习分为三个步骤。第一步:你按照正常的阅读速度,用三分钟的时间阅读完一篇文章,在文章末尾做好标记,方便下次知道这次读到什么位置了。

"第二步:用两分钟的时间,把刚才阅读完的再读一遍,注意,必须读到第一次标记的那个位置才算成功。

"第三步:用一分钟的时间,把刚才阅读完的再读一遍,注意,这次也必须读到第一次标记的那个位置才算成功。"

小萌感觉有些懂了，对兵哥说："你能举个例子说明一下吗？"

"好的。你看下面这一页文字。"兵哥说。

  一会儿我就能看见那个操纵我四十多年的器官，随着试验的进行，没准儿我还能更明了我们所有人将来会怎样。

  我躺着的伸展台位于机器的中部突出部位，这机器是世界最先进的磁共振成像机器之一。这个价值二百五十万美金的宝贝，利用强有力的磁场来产生高品质的人体内部组织结构的图像。它是个大家伙，左右两侧分别有8英尺宽，差不多有三万五千磅重。

  机器中心是个圆形的开口，直径大约2英尺，技术人员将伸展台滑过圆形开口，放进这个机器怪兽的核心。我的手被固定在身体两侧，顶盖就在我鼻子上方两英寸处，我觉得我像是被塞进了鱼雷管，没人理会了。

  "咔哒咔哒咔哒……"机器开始运转，"咔哒咔哒咔哒……"听起来就像我戴着头盔，有人从外面轻拍头盔一样。然后我听见振动的声音"兹兹兹嗯嗯嗯"，然后一阵安静，紧接着又是振动，紧接着再安静一阵。

  就这样过了半小时，他们取得了我的大脑图像。令我有些沮丧的是，我的大脑看起来和教科书上别人的大脑没什么两样。一条细直线从中部像山脊一样将大脑分为看起来对称的两部分。这个特征是如此明显，所以这是那个神经学家在审视我这个普通的大脑图像时所注意到的第一件事，他说道："两个脑半球非常匀称。"我脑壳里三磅重的细胞块，就像各位的一样，被分成紧密联系的两半。一半被称为左脑球，另一半叫右脑球。两半脑球看起来一样，但功能却大相径庭。接下来，我作为受试小白鼠的任务就是来演示这个不一样。

  最先开始的脑部扫描更像在画素描，我躺下来，头摆放好，然后机器画出图像。科学技术使人们可以从这些图像中了解到很多东西，一项更新的技术——功能磁共振成像技术（fMRI）能获取大脑活动时的图像。研究者要求受试者在机器里从事一些活动，比如哼哼小曲、听笑话、做字谜题什么的，然后机器就跟踪脑部血液流动的情况。测试出来的结果是一幅图像，上面集中了一些彩色大斑点，集中的地区就是活跃区，就像是一幅卫星气象图，显示脑部的云团在哪部分聚集。这种技术极大地推进了科学和

第4章 强化自我学习能力

"你注意看第一行文字和最后一行文字。为了便于说明问题，我们假设你按照正常的阅读速度，在三分钟的时间里，刚好从第一行'一会儿我就能看到操纵我四十多年的器官'读到了最后一行'这种技术极大地推进了科学和'。此时你用红笔在第一行那里做一个标记，表示开始，然后在最后一行那里做一个标记，表示结束。然后你开始计时，如果在两分钟内你能阅读到最后一行，那就说明你通过了第二步的考核，可以进入第三步了。"

小萌问道："如果我在两分钟内没有读到最后一行，该怎么办呢？"

"那就从头再读一次，要一直做到能在两分钟内读到最后一行才算通过。当你能在两分钟内读完，那就进入第三步，在一分钟内读完刚才的内容。"兵哥说。

小萌又问："可是，如果这样阅读的话，我对这篇文章的理解力就会下降，该怎么办呢？"

兵哥回答："我们要学习任何技能，都要掌握一个秘诀，那就是学会将该大技能分解成很多小技能，然后逐个学习，逐一击破。学习快速阅读也是一样，我把快速阅读这项技能分为两个子技能：提高阅读速度技能和提高理解力。兵哥今天教你的是提高阅读速度的技能，3-2-1练习法的核心目的，就是提高你的阅读速度。至于提高理解力这方面，你只需要兼顾一下，尽量保证在能理解的情况下提高阅读速度。

"学会将大技能分解为小技能，这是学习任何技能的法宝。无论你是想学会踢足球、打篮球、做思维导图，还是想学会弹钢琴、弹吉他，都通用。此外，你还需要掌握另外一个法则：2080法则。

"2080法则在弹吉他中的体现就是：80%的时间都在弹20%的和弦。

"2080法则在弹钢琴中的体现就是：80%的时间都在弹20%的琴键。

"2080法则在踢足球中的体现就是：80%的时间都使用20%的动作，一个球队80%的薪水付给了20%的球星。

"2080法则在快速阅读中的体现就是：80%的时间都在使用20%的技能。今天兵哥教给你的3-2-1练习法就是那最常用、最实用的20%的技能。

"学习快速阅读切忌贪多求大,认为要学习几百个技能才能精通快速阅读,那是错误的思想。一招鲜,走遍天,你把3-2-1练习法精通了,阅读速度自然会上去。

"对了,小萌,在练习3-2-1练习法的时候,如果你阅读电子文档,记得用鼠标指着阅读,如果是阅读纸质书籍,记得用手或笔指着阅读。"

◆ 思维导图速读法(四)

"小萌,你还记得下面这张图吗?"兵哥指着一张图给小萌看。

"记得,你上次用这个人行道上的地板砖给我演示过,如果我要从1点走到2点,以前是一次走1块砖,现在想快速走到2点的话,就要加大步伐,从一次走

1块砖变成一次走3块砖。"小萌流利地回答道。

兵哥说："说得很好，快速阅读和在人行道上走路一样，要想在最短时间里到达目的地，不仅要加快走路的速度，还有加大走路的步伐。

"前面给你讲了三个练习：用手指辅助阅读，用鼠标辅助阅读，用3-2-1练习法，目的都是训练你阅读的速度。今天兵哥再教你一招，阅读报纸法，这个练习可以拓宽你的视野幅度，帮助你一眼多看更多的文字，就像在人行道上走路一样，让你一步多跨几块砖。

"这个练习很简单，就是拿着一份报纸来阅读，尽量做到一眼看一行文字。"

小萌想了一下问道："那我该选什么报纸呢？"

兵哥说："这个问题问得好，选择报纸很重要，经过兵哥多年的实践，向你隆重推荐《参考消息》这份报纸。

"《参考消息》由新华通讯社主办、参考消息报社编辑出版，是国内发行量第一、世界排名第五的报纸。《参考消息》与《环球时报》为中国内地仅有的两家能够合法直接刊载外电的报纸，每日精选世界各地的最新消息、评论，全方位、多视角报道国际国内新闻。

"兵哥之所以选择这份报纸作为快速阅读的材料，主要是因为它有以下几方面的好处：

"好处一：报纸发行量大，在全国的报刊亭都可以买到，方便所有人练习。

"好处二：报纸排版种类多，可以挑选的范围大，大家可以根据不同的阶段，选择不同难度的文章来练习。

"好处三：报纸资讯丰富，信息量大，上到天文地理，下到鸡毛蒜皮的资讯都会涉及。在练习的同时可以学到很多知识，增加了趣味性，让人更愿意每天都练习快速阅读。

"小萌，《参考消息》上有很多种排版方式，如果你是快速阅读的新手，你可以先练习这种文字较少的文章。

日确认发现忽必烈远征沉船

【拉美社东京7月3日电】据日本媒体3日报道，日本考古学家已经确认，此前在该国沿海发现的一艘沉船是13世纪忽必烈派遣征战日本的元朝军船。

这艘船沉没于1281年夏天，元军东征日本时在海上遭遇暴风雨，船队全军覆没。

来自琉球大学的考古学家指出，这是迄今为止发现的第二艘能够辨明"身份"的元军沉船。

这艘沉船是在日本国家级历史遗迹"鹰岛神崎遗迹"附近深约15米的海底被发现的。船内及周边发现的中国瓷器帮助科学家确定了沉船的"身世"。

根据研究人员推算，这艘木船当时的船体长约20米，最宽处达7米，不过海水的腐蚀使其变成了现在的长12米、宽3米。

元朝军队在1274年和1281年两次东征日本，却都被认为在准备登陆前因遭遇台风葬身大海。

1281年第二次出征的元朝大军拥有1100多艘船只和20多万名海陆士兵。·责编 曹磊·

"在这种排版中，一行只有11个字，很适合新手练习。如果这一行中没有标点符号，那你就要一眼看一行。如果有标点符号，刚开始可以分两眼看完一行，但练习一段时间后，还是要学会一眼看完一行。做报纸练习法训练，目的就是拓宽你的视野幅度。当你练习完11个字一行的报纸后，你可以增加难度，看下面这种排版的文章。这种格式一行有14个字，规则和刚才的一样，尽量一眼看一行文字。"

"太空药"将投入临床实验

【西班牙《世界报》网站7月3日报道】最近国际空间站上的医疗研究活动传来令人鼓舞的消息，因为一种治疗杜氏肌营养不良（DMD）的药物很快将投入临床实验，这种新药是在国际空间站研制开发的。

DMD是一种X染色体隐性遗传疾病，主要发生于男孩。据统计，全球平均每3500个新生男婴中就有一人罹患此病。患者在学龄前就会因骨骼肌不断退化出现肌肉无力或萎缩，导致行走不便，大概在7～12岁时会彻底丧失行走能力。通常到20多岁就会因为心肌、肺肌无力而死亡。针对该病，医学界尚无有效疗法。

预计国际空间站研发的这种药物可以将DMD发病时间延迟一倍，从而将病人的寿命延长一倍。虽然尚不能治愈疾病，但它的研发被视为在这个方向上迈出的非常重要的一步。

很多人不了解国际空间站上医疗研究活动的内容。它其实就是太空中的一个科学实验室，其主要设计初衷是为了进行生物、生物技术、地球科学、太空、物理、材料科学、人类健康、技术发展等各个领域的基础研究。那么在科学实验方面国际空间站与地球上的实验室相比有哪些优势呢？其主要优势在于实验过程中的失重效果。

在国际空间站内的失重环境下，物理系统和生物系统中很多在地面实验室会出现的效应例如对流、静水压力会消失，这些效应的消失让物理学家和生物系统的研究条件变得更加理想，有利于更准确地理解和发现物体的属性和内在过程，从而找到被掩盖的潜在机制。

DMD治疗药物之所以能被研制是因为国际空间站内可以生长出比地球实验室环境中更大、质量更高的蛋白晶体，从而能够更精确地确定这些晶体的三维结构。通过对一个与DMD有关的特殊蛋白进行研究，科学家研制出了"捆绑"这个蛋白、降低其影响的药物。

此外，国际空间站内正在进行的科学研究也为开发老年痴呆症的新治疗方法带来希望。

第4章
强化自我学习能力

◆ 思维导图速读法（五）

"兵哥，我最近在练习快速阅读，发现自己的效果不是很好，经过反思，我发现问题出在默读上。我在看书的时候，心里会不由自主地将看到的文字读出来，我知道这种方法会严重影响阅读速度，但就是控制不了默读这个习惯，我该怎么办啊？"小萌有些着急了。

"你说得很对，默读这个习惯非常不好，会严重影响阅读速度。如果你解决不了这个问题，无论你学习了多少快速阅读的方法，你的阅读速度都很难得到提高。解决默读的方法很简单，用节奏法就可以解决。"兵哥自信地对小萌说。

"什么是节奏法？"小萌问道。

兵哥耐心地说："你看下面这段话，这是《创业维艰》中的一段话。如果你发现自己有默读的习惯，那你按照书中的节奏来阅读，就像下面标记的红色框一样。"

1分钟10美元。 当初创办安德森·霍洛维茨风险投资公司时，马克和我的想法是视企业家为上帝。我们现在还记得创办公司时内心的那番煎熬。当时，我们希望公司上下明确这样一个事实：我们是初出茅庐的小公司，而企业家则是资本大鳄，万事皆应以他们为中心。在我们看来，视他们为上帝的第一条原则就是守时。就算我们在处理更重要的业务，也不能因此让他们在大厅里等半个小时。我们希望自己的员工守时、敬业、专注。遗憾的是，任何在职场上打拼过的人都知道，这一条要求说起来容易做起来难。为了给员工敲响警钟，我们定下了一个无情的规定：会见企业家时，迟到1分钟，罚款10美元。假如你因为接一个重要的电话晚到了10分钟，对不起，请准备100美元的罚金。后来，每当有新员工对这个规定表现出不解时，我们都会好好解释一下为什么要视企业家为上帝。如果在你的心目中，企业家不及风投资本家重要，请恕本公司不能留你。

"第二行一共有两个标点符号,那这一行自然就被分为了三段,你就口中默念1-2-3,也就是眼睛看'资公司'时,口中默读数字'1';眼睛看'马克和我的想法是视企业家为上帝'时,口中默读数字'2';眼睛看'我们现在'时,口中默读数字'3'。"兵哥指着书本对小萌说。

小萌是个聪明人,一下子就领悟了节奏法:"我明白了,根据一行中的标点符号,把一行文字分为几小段。如果有5段,就默念1-2-3-4-5,如果只有2段,那就默念1-2,是这样吗?"

兵哥开心地打了一个响指:"就是这样做!这个原理很简单,我们在同一时间只能发出一个声音,当我们发出1-2-3这样数字的时候,我们就没有机会去默读眼睛看到的文字了。并且1-2-3这种口中说出的节奏,有助于我们控制眼睛的节奏。我们加快默读1-2-3的速度,就可以加快阅读的速度。我们放慢默读1-2-3的速度,就可以放慢阅读的速度。速度尽在我们掌控之中。这个节奏法实战性很强,你要多加练习。"

"好的,兵哥,我还有个问题。我在看书的时候经常会走神,会去想其他的事,我该怎么解决这个问题呢?"小萌问。

"你遇到的这个问题大部分的人都会遇到,兵哥推荐你一个在阅读时集中注意力的方法'桌球集中法',很多人把这种方法称为'高尔夫球集中法',这些方法都是一样的,只是想象的物体不一样。

"这种方法能快速地调整我们的状态，让我们迅速进入注意力高度集中的状态。如果你准备阅读一本书，你可以这样使用桌球集中法。

"第一步：想象你手中有一个桌球。你用心去感受这个桌球的重量、颜色、表面的光滑程度。想象自己把这个桌球抛到半空中，然后又轻松地接住这个桌球。

"第二步：用手把这个桌球拿到距离后脑勺上方约20厘米的地方。慢慢闭上眼睛，想象这个桌球一直停留在那个位置。

"第三步：调整呼吸，吸气的时候默数1-2-3，呼气的时候默数1-2-3-4。注意，这里要保证呼气的时间比吸气的时间长，这样才能放松自己。

"第四步：保持精神集中的放松状态，然后睁开眼睛，开始阅读。"

◆ 思维导图速读法（六）

"小萌，你跟着我学习思维导图速读法已经有一段时间了。我们都知道，要掌握快速阅读法，要在两个方面加快，一方面是加快阅读速度，另一方面是加快理解速度。之前，我都是在教你如何加快阅读速度，从今天起，我教你如何加快理解速度。"兵哥对小萌说。

"兵哥，我虽然现在阅读速度加快了，但我发现自己还是很难将一本书快速读完，我该怎么办呢？"小萌问道。

"你有想过这个问题吗——你为什么要读这本书？"兵哥反过来问小萌。

"这个问题我还没认真想过，有些书是别人推荐的，说对我有帮助，我就买来看了。至于为什么看某本书，这个问题我真还没想过。"小萌很诚实地回答。

"我们作为成年人,特别是作为职场人,看书不是为了消遣,而是为了解决问题。如果从解决问题这个角度出发,你就没有必要把一本书从头到尾读完。就像我经常对别人说,如何在一分钟内吃掉100个包子?思路分为两方面,一是吃快点儿,二是吃少点儿,我们只挑最有营养的、对我们帮助最大的包子来吃,毕竟吃包子是为了填饱肚子,而不是把自己撑死。

"看书也是这样,如何在一个小时内看完一本书?一是看快点儿,二是看少点儿。我们只挑选对我们帮助最大的,最能解决问题的文章来阅读。"

小萌听完后陷入了思考。过了一会儿,小萌高兴地对兵哥说:"我想通了,以前看书的时候,我的目标是快速把书看完,兵哥你经常说'目标不对,努力白费'。现在我把目标定为快速找到能解决问题的方法,这样就找到了看这本书的初衷,我也没有必要把一本书全部读完了。"

兵哥看到小萌已经领悟了,接着说:"你总结得很对。因此,我们看书之前,可以做这样一个自我提问思维导图。

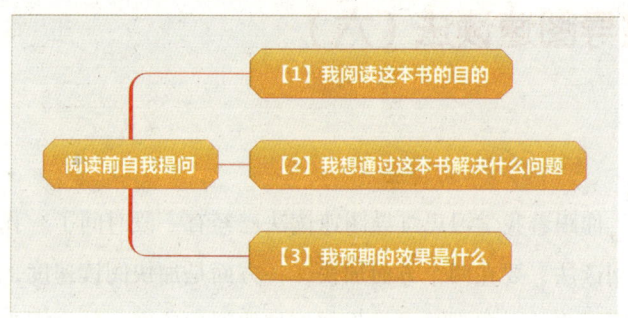

"看书前向自己这样提问:第一,我阅读这本书的目的。这样在阅读前就将目的明确,方便在书中找到适合自己的内容;第二,我想通过这本书解决什么问题。把自己想解决的问题和书本结合起来;第三,我预期的效果是什么。在阅读前要给自己设定一个预期值,这样在阅读后,才知道这本书是否解决了自己的问题。如果没有达到自己的预期目的,那就再换一本书。"

◆ **如何加深对文章的理解**

"兵哥,你一直说练习快速阅读,除了要加快阅读速度,还要学会加深对文章的理解,我该如何做呢?"小萌问兵哥。

"很简单,就是使用思维导图。"兵哥轻松地回答,"为什么要使用思维导图呢?因为我们在看一本书的时候,其实类似和这本书的读者在交流。

"如果你经常写文章、写文案的话,你会发现很多人最怕写文章,大脑里有千千万万个想法,但是要把这些想法写出来,会感觉特别憋得慌,怎么都写不出来。

"为什么会有这样的感觉呢?因为我们的思维是发散的,有时想问题是三维、四维甚至五维的,但文字是一维的,哪怕你有几千个想法,你也只能一个字一个字地写出来。

"作者在写书的时候,大脑里的想法类似于一个正方体,是一个三维的物体。

"但由于文章是线性的,是一维的,他要把头脑中的想法写成书,就只能将这个正方体压缩,分解成下面的线条。

"作为读者，你想透彻理解作者的思想，你就需要把这个线条放大、扩充，恢复到以前的样子。

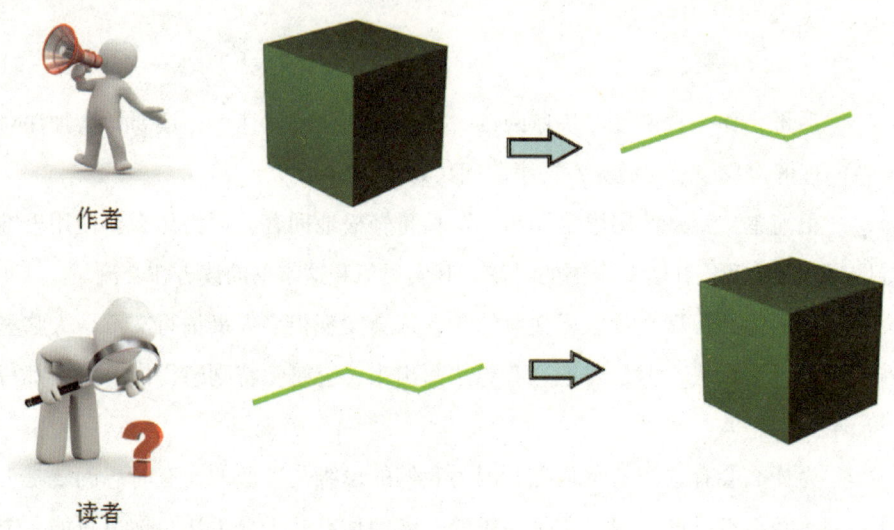

"如何还原作者的本意，如何透彻理解作者的意思呢？就是在阅读的时候使用思维导图梳理文章的结构。如果你想加深对文章的理解，刚开始你可以看一段文字，然后用思维导图去梳理文章的结构，再看一段，然后继续梳理结构。比如下面这段文字，是口袋通白鸦的一次演讲。"

中国最大的购物网站已经只有40%的比例是通过搜索了，而且都是自己来的，所以中国最大的购物网站已经是一个搜索购物网站了。消费者更多的消费场景不在这个购物网站发生，消费者更多的出发地是在微信、微博、美丽说、蘑菇街、下厨房、大姨吗等这一切我们生活中所产生的场景里去使用。

手机已经成为我们每个人的遥控器，从早上起来看天气、看新闻，到晚上睡觉，所有的决策都是由手机在决定。你该干吗，手机会告诉你。而手机上最重要的是我们生活的社区，所以未来我认为这个比例还会再增加。

我们可以看到的第一个饼图一定会缩减到20%以下，更大的场景是我们所信任的达人和一些所信任的垂直网站，以及所信任的垂直媒体，在那上面出现的推荐，出现的话题，甚至是出现的广告，我就信他，因为他的推荐和讨论我购买了。还有一个是，我朋友晒他在买什么，他在用什么，所以我产生了购买欲望。

"小萌，你看完后能总结出其中的结构吗？"

小萌看完后嘿嘿一笑："有点儿难，这段文字的信息量有些大。"

兵哥说："我用思维导图把这段文字总结了一下，结果是这样。"

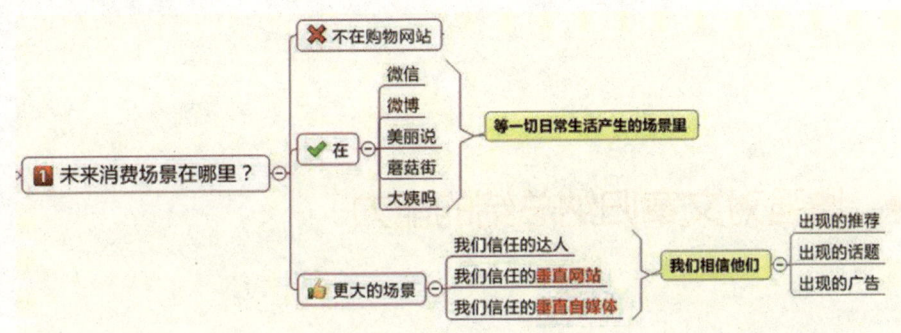

"兵哥，这个导图太清晰了，看完导图我再返回去看文章，顿时理解了那篇文章的意思。"小萌开心地说。

"要的就是这个效果。思维导图能将一维的文字变成三维的导图，能最大化地还原作者本身想表达的意思。你在未来的几天里，在看书的时候，每看完一段文字，就总结成一个思维导图。"

小萌立即问道："那我以后看书都要看一段文字后，立即总结成思维导图吗？"

"这个没有必要，刚开始你先强迫自己把每一段文字都做成思维导图，做了几十幅后，你会到达一个境界，那就是看到一段文字不用画思维导图，头脑里就会自动浮现一幅思维导图。"

小萌认真想了一下："兵哥,这个练习步骤很简单,但很考验人啊。"

兵哥回答："的确考验人,以前的练习是看完文章后复述出来,现在是看完文章后做成思维导图,这个难度已经上升一个台阶了。但你的收获也会上一个新的台阶。

"为了保证训练效果,我推荐《智慧书》作为练习教材。原因一是这本书短小精悍,每一段话都表示一层意思,方便做成导图;原因二是这本书的逻辑很清晰,很适合思维导图;原因三是这本书是一本能让你变得更聪明,让你更有智慧的书。在做导图的过程中,你会学到很多实用的知识,这样便于你坚持练习。"

◆ 增强对文章归纳总结的能力

"兵哥,我最近一直在练习你传授的3-2-1方法、读报纸方法和制作思维导图的方法,效果非常好,现在阅读文章的速度快了,理解力也上升了。"小萌开心地对兵哥说。

"是的,无论我们学习什么技能,都要记住这句话,练习不会让你变得完美,完美的练习才会让你变得完美。"兵哥微笑着给小萌解释。

"这句话怎么理解呢,兵哥?"小萌感觉有点儿深奥。

兵哥解释道："比如学习吉他,需要练习10个和弦。很多人练习了最简单的4个,并且可以用这个4个和弦弹奏曲子以后,他以后每天就只练习这个4个和弦,却不去练习难度更高的6个和弦,因为练习4个熟练的和弦会感觉很舒服,但练习不熟练的6个和弦会感觉很痛苦,这就是练习不会让你变得完美。

第4章
强化自我学习能力

"想要提升吉他水平，不能只练习那4个熟悉的和弦，还要突破自己的舒适区，逼自己去练习剩余的、让自己感到痛苦的6个和弦，这样才能有显著的成长和进步，这就是完美的练习才会让你变得更完美。

"同样的道理，你想要提高快速阅读能力，你就要不断突破自己的舒适区，每天除了练习那几个已经熟练的方法，还要练习其他高难度的练习。今天兵哥就给你再推荐一个新的方法，能同时提高你阅读速度和加深理解力的练习。3-2-1升级版。"

小萌接过话说："3-2-1练习法我很熟练了，第一步，用正常的速度阅读3分钟的文章。第二步，用两分钟的时间阅读完第一步阅读过得文章。第三步，用1分钟的时间阅读完第一步阅读过得文章。"

"总结得很好。今天介绍的3-2-1升级版。就是在每一步练习完后，再增加一个环节，就是合上书本，凭着记忆，在纸上或者电脑画出文章的思维导图。具体方法如下：

"第一步：用正常的速度阅读三分钟的文章。

"第二步：合上书本，在纸上或电脑上画出文章的思维导图。

"第三步：由于思维导图不可能画得很全面和完整，所以带着明确的目的，用两分钟的时间阅读完第一步阅读过的文章。

"第四步：合上书本，补充完思维导图。

"第五步：如果发现思维导图还是不完整，就带着更加明确的目的，用一分钟的时间阅读完第一步阅读过的文章。

"第六步：合上书本，再次补充完思维导图。

"以上六个步骤为一个完整的练习，当你用3-2-1升级版把一段文字阅读完以后，然后再选择一段新的文章，再次进行联系。每天保持3~5组这样的练习就很好了。

"记住兵哥对你说的：练习不会让你变得完美，只有完美的练习才会让你变得完美。"

◆ 如何做一本书的思维导图

"小萌,兵哥前几天教你如何做一段话的思维导图,也教了你如何做一篇文章的思维导图,今天教你如何做一本书的思维导图。"兵哥拿着一本书对小萌说。

"我很期待学习如何做一本书的思维导图,因为把一本书做成思维导图以后,复习起来非常方便,效率很高。"小萌开心地回答。

"如何做一本书的思维导图呢?第一步,把这本书的目录做成思维导图。"兵哥对小萌解释道。

"为什么要把书的目录做成思维导图呢?"小萌有些疑惑。

"把一本书的目录做成思维导图,主要有以下几方面的好处。

"好处一:在阅读前就掌握这本书的精华。很多人看书是不看目录的,这是一个巨大的浪费啊。一本书的目录是这本书的精华,价值很高。如果你把目录做成思维导图,你就能在15分钟内掌握这本书30%的精华,并且兵哥强烈推荐你一字一句地把目录上的字都输入思维导图中,这样能加深你对这本书的理解。这是兵哥多年实践的宝贵经验哟。

"好处二:在阅读前就了解这本书的侧重点。按照2080法则,我们应该把80%的精力都放在一本书20%的精华上,那如何才能找到这20%的精华呢?方法就是把这本书的目录做成思维导图,在做导图的过程中,你会寻找到这本书的重点。

"好处三:方便以后添加知识点。当你把目录做成思维导图以后,你就拥有了这本书的骨架。现在你就可以开始阅读这本书了。在阅读的过程中,你发现好的知识点以后,可以先把这一页折起来。等整本书都阅读完毕后,把你觉得有用的知识点输入在目录思维导图中,这样逻辑就会很清晰,也很方便你以后复习。

"好了,你先把手头上的这几本书的目录做成思维导图,自己先感受一下,我明天再继续与你分享更多干货。"

第4章 强化自我学习能力

◆ **框架阅读法,快速掌握一本书**

"兵哥,你前几天教我如何提高阅读速度,如何提高理解力,那下一步我该学习什么呢?"小萌问兵哥。

"今天兵哥教你框架阅读法。"兵哥微笑着说。

"什么是框架阅读法呢?"小萌第一次听到这个词。

兵哥指着电脑的PPT对小萌说:"框架阅读法是一种快速浏览文章,快速掌握一本书框架的方法,当你在书店挑选书籍的时候,当你在判断一本书是否值得购买的时候,当你在思考一本书是否值得深入阅读的时候,这个方法非常适合。

"这个框架阅读法分为六步。第一步:看封面。"

"比如这本书《别独自用餐》,我们先看封面的标题'别独自用餐',说实话,从这句话看不出这本书是做什么的。但这本书还有副标题'改变全世界奋斗者命运的人脉奇书',其中有一个关键词'人脉',下面还有一个标题'克林顿、卡耐基等奉行的人脉经营攻略',这句话也有人脉这个关键词,由此推断出,这是一本关于人际关系的书籍。

"我们在看书的时候,第一步先把书名认真看看,多找找关键词,这能让我们快速辨别这本书的类型。

"第二步:看序言。

直到今天,还有人在质疑360安全卫士是否会收费。所以最近我们干脆在360安全卫士杀毒的界面上加上了"彻底永久免费"的字样。彻底打消这些人的顾虑,也不给自己留退路,从这一点来说,免费没有回头路。所以在实施免费战略之前,你自己要先想清楚,因为你可能很长时间内都赚不了钱。

如果是我写《免费》这本书,我会把免费进行到底。干脆把这本书也免费送给读者,然后考虑其他的收入方式。当然,本书中有很多关于免费的观点还是很有启发性,希望读者能领会"免费"的精髓,而不是表面的"免费"概念。

周鸿伟

著名投资人,奇虎公司董事长

第4章
强化自我学习能力

"比如《免费》这本书，是360老总周鸿祎写的序。你把周鸿祎的序言仔细看完，就能从另一个侧面更完整地了解这本书，并且有周鸿祎这样的大佬为这本书写序，也能反映这本书不会很差，毕竟大佬都很珍惜自己的羽毛。

"一般来说，作者会很用心地写序言，他会交代写这本书的背景，这本书每一个章节都说了什么内容，各个章节之间是什么样的关系。通过仔细阅读序言，你会在短时间里进一步了解这本书。"

"兵哥，如果序言写得很垃圾怎么办呢？"小萌问道。

兵哥回答道："序言写得很垃圾的话，你可以降低对这本书的期望值，因为序言对一本书来说是非常重要的，如果作者不重视序言，说明他对这本书的重视程度也不会很高。

"第三步：看目录。如果你想在沙漠里淘到金子，你首先得有一幅地图，否则你淘到金子的概率会非常低，并且还有可能死在沙漠里。

"看书也是一种淘金的过程，按照2080法则，我们需要把80%的精力放在20%的精华内容上，那如何找到对我们有用的那20%的精华内容呢？方法就是看目录。比如《别独自用餐》这本书。

目录
Contents

SECTION ONE
思 路

1.	要有自己的"圈子"	2
2.	真正的硬通货是慷慨	11
3.	了解你的使命	19

著名交际案例：比尔·克林顿　35

1.	未雨绸缪	37
5.	初生牛犊的天赋	43
6.	经典的错误	52

著名交际案例：凯瑟琳·格雷厄姆　58

9.	电话热场	76
10.	巧妙搞定"看门人"	84
11.	永不独自用餐	91
12.	分享激情	95
13.	步步紧随或者一败涂地	100
14.	成为会议"突击手"	104
15.	结识交际枢纽式的人物	121

著名交际案例：保罗·里维尔 130

16.	"圈子"	133
17.	闲谈的艺术	137

著名交际案例：戴尔·卡耐基 150

SECTION THREE
从点头之交到同人

18.	健康，财富，子女	154
19.	社交套利	164

SECTION FOUR
升级与回馈

22.	引人注意	194
23.	人们在听到你的名字时想到的	212
24.	怎样出现在媒体上？	220
25.	你的文笔怎么样？	236
26.	结交名人	239
27.	功到自然成	249

著名交际案例：本杰明·富兰克林 254

28.	切勿飘飘然	257
29.	良师传道	262

著名交际案例：埃莉诺·罗斯福 272

30.	所谓兼顾四方全都是胡说	275
31.	欢迎进入关联时代	279

第4章
强化自我学习能力

"你注意看那几个大标题'目录''思路''技巧''从点头之交到同人''升级与回馈'。

"现在,你就可以整理出这本书的逻辑框架,这本书先教你处理人际关系的思路,然后教你处理人际关系的技巧,再教你如何与别人从点头之交到同人,最后教你如何升级和回馈你们的关系。从目录中可以很清楚地看到这本书的内容是层层递进,传授给你的技巧也是由浅入深的。在目录中你就可以快速找到自己想看的内容。

"第四步:看腰封。"兵哥继续对小萌解释。

"什么是腰封?"小萌第一次听说这个新名词。

"就是一本书中间地带另置一条类似腰带的文字介绍,用来配合行销。下面这些就是腰封。"

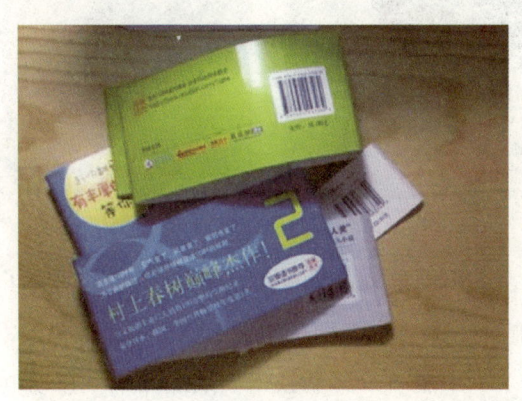

"目前市面上的腰封主要是宣传这本书曾经获得某某奖项,某某人曾经推荐过这本书。

"比如《高难度谈话》,腰封上写有'15年研究,数千次咨询实证,被译成20余种语言畅销全球''美国白宫1600名高层政治官员的必读教材',从这些介绍可以看出这本书的分量。

"但你要注意,很多书经常在腰封上做虚假宣传,比如荣登《纽约时报》××名,长期雄踞亚马逊前100名,等等。

"第五步：看摘要。一般而言，归纳总结能力强的作者会在每一个章节的前面写出这章节的核心知识点。通过阅读这些经过提炼的知识点，我们也可以快速了解这本书的精髓。比如《移动浪潮》这本书。

"第二章节，电脑向移动技术演变。作者在这里就写了一段摘要：第一次浪潮：大型电脑——第二次浪潮：小型电脑；第三次浪潮：台式电脑；第四次浪潮：互联网个人电脑——移动技术发展之路——移动电话：从蜂窝到黑莓——第五次浪潮：移动互联网——多点触控。

"通过阅读这些摘要，我们可以知道这一章节主要讲解电脑技术的五次变革，并且会重点讲解第五次浪潮：移动互联网。

"第六步：看后记。

第4章
强化自我学习能力

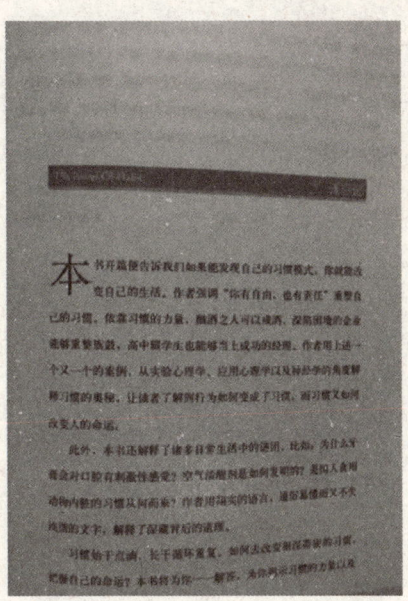

"后记，是一本书写完后，作者想再次强调的一些思想。如果是国外引进的书籍，很多翻译人员会写上译后记，也就是他翻译完这本书后的一些心得和感受，这种心得很值得我们去仔细阅读。为什么呢？因为翻译一本书需要一字一句地去理解，去消化，翻译者对这本书的理解往往比我们深刻。

"比如《习惯的力量》这本书的译后记，翻译者就强调了'依靠习惯的力量，酗酒之人可以戒酒，深陷困境的企业能够重整旗鼓，高中辍学生也能够当上成功的经理'。翻译者又一次强调了习惯能给我们带来的好处，让我们更加重视习惯。"

思 维 导 图 高 手

有逻辑地表达和思考

◆ **如何拥有超强逻辑（一）**

"兵哥，我今天被王总训了一顿，说我说话没有逻辑性、条理不清晰。"颇感委屈的小萌走进了兵哥的办公室。

"对于职场人来说，说话有逻辑性很重要，这是我们都应该具备的软实力。"兵哥微笑着安慰小萌。

"为什么逻辑性很重要呢？"小萌对逻辑性的重要性不太了解。

"因为职场人的时间都很宝贵，如果你说话有条理有逻辑，别人能在最短时间里掌握你的观点，能最透彻地了解你。"兵哥说。

"那我该如何提高逻辑性呢？是买一本《训练逻辑思维的100题》这样的书吗？"小萌好奇地问。

"当然不是了，那些书都是作者东拼西凑搞的大杂烩，没有太多干货。如果你想将自己打造成具有超强逻辑的牛人，推荐你学习金字塔原理。

"金字塔原理是1973年，由麦肯锡公司的咨询顾问巴巴拉·明托发明的，全球500强企业都在使用。你训练几天，就能成为具有超强逻辑的牛人。"兵哥向一脸茫然的小萌解释。

"感谢兵哥，那我该怎样才能最快速地掌握金字塔原理的精髓呢？"爱打破砂锅问到底的小萌又开始提问了。

"当然是使用思维导图＋金字塔原理啦！我总结了一套'金字塔原理思维导图学习法'。用了兵哥的方法，能让你快速精通金字塔原理，成为具有超强

第 5 章
有逻辑地表达和思考

逻辑的牛人。"

小萌一听又可以学习干货了，于是赶紧拉了一把椅子坐在兵哥的身旁，等待兵哥传授方法。

兵哥看小萌有旺盛的求知欲很欣慰，于是对小萌说："今天兵哥先教你第一招：三足鼎立。这样，你先说说今天为什么被王总骂了一顿。"

小萌一听要揭自己的伤疤，感觉有些不好意思，但心想刚好可以借这个机会知道自己哪里错了，于是鼓起勇气说："事情是这样的，王总准备召集几个部门领导开会，他让我和张部长、李部长、王部长协调一下时间，然后把最终的开会时间向他汇报一下。

"于是我给每个部长打电话，张部长说他周一要出差，周二回来。李部长说他周四女儿过生日，准备周四请假，王部长说他周五准备出差。并且会议室周一和周二都有会，只有周三下午有时间。"

兵哥问道："那是你怎么给王总汇报的？"

小萌说："我当然是把所有情况给王总解释清楚啦，因为给每个部长打电话费了我很长时间，我要把每个部长的情况都给王总说清楚，显示我的工作量。我是这样对王总汇报的：

"王总，我今天花了半天的时间给几位部长协调了，现在部长们都很忙，打了好几个电话都没打通，我还是用打电话、发微信等方式才联系上所有人，情况是这样的。

"张部长说他周一要去北京出差，周二回来。

"李部长说周四他女儿过生日，他已经很多年没有陪女儿过生日了，现在想好好陪陪女儿，他准备周四请一天的假。

"王部长说他周五准备出差去南京。说是开一个什么会议，具体我记不清了。"

说到这里，小萌委屈地说："王部长的事还没有说完，王总就很不耐烦，敲着桌子问我到底想说啥。我说我在汇报开会的时间啊。王总很不耐烦地说：'结果，结果，我想听结果。'

"我正准备把会议室周一和周二要开会的情况给王总汇报,就被王总轰出来了。"

兵哥听完就乐了:"还好你是给王总汇报,如果你是给我汇报,我早就轰你了,你太啰唆了。"

"很啰唆吗?兵哥,我只是想体现我做了多少工作而已。"小萌还是感觉很委屈。

"你想在王总面前表现,这个我能理解。但你也要分场合,分对象。对于王总这样每天忙碌的老总来说,你要采用金字塔原理来表达。就是先说结论,如果他还想再听,那就再说理由。关于开会这件事,你可以按照这样的结构汇报。

"你走进王总办公室,先说:'王总,会议时间协调好了,初步定在周三下午开会。'如果王总同意周三下午开会,那你的汇报工作就结束了,就可以闪人了。如果王总有疑问,你可以把金字塔的第二级结论告诉王总,因为张部长周三有空,李部长周三有空,王部长周三有空,会议室周三下午空闲。

"如果王总没有继续往下问,你也可以闪人了,如果王总对某个部长感兴趣,比如他问为什么李部长周三有空呢?此时你才把第三级金字塔的结论说出来,因为李部长这么多年都没有陪女儿过生日,周四是他女儿的生日,他准备请一天的假陪陪女儿。"

小萌一听恍然大悟,怪不得王总嫌自己啰唆呢。自己给王总汇报的时候,是从金字塔的第三级结论开始汇报,然后再说金字塔的第二级结论。老总一般都很忙,没有耐心听你说细节,他们只想知道金字塔的第一级结论。

醒悟过来的小萌对兵哥说:"兵哥,我知道我错误的原因了。以后无论是给领导作汇报,还是和朋友们交流,我都要按照金字塔结构来,这样我说起来很顺畅,对方听起来也很轻松。不过我有一个疑问,为什么这一招叫'三足鼎立'呢?"

"是这样的,我们向别人述说某个观点的时候,可以准备很多理由去支撑这个观点,但不要选太多观点,也不要选太少的观点,选择三个观点最佳。

举个例子，我早晨是在楼下新开的牛肉面馆吃的早餐。他家的牛肉面很不错，我想向你推荐，我这样说：'小萌，楼下的牛肉面很不错哦。我刚吃完，觉得很棒，他们家的牛肉很新鲜，汤的味道也很浓郁，更关键的是他们家店面很卫生，让人很放心。'"

作为吃货的小萌一听，悄悄地咽了一下口水，笑嘻嘻地问兵哥："兵哥，这家店的具体位置在哪里？"

兵哥哈哈大笑："我的这种表达方式还是很吸引人吧？看把你馋的。对了，刚才你不是说被王总轰出来了吗？现在我教了你三足鼎立这个方法，你再去汇报一次，看看王总是怎么说的。"

经过兵哥提醒，小萌赶紧谢过兵哥，立即起身，正准备走出兵哥的办公室，又突然问道："兵哥，以后我每次说话都要先说金字塔的第一级观点吗？"

"当然不是啦，直接说第一级观点不是所有场合都适用，具体该怎么运用，我明天再告诉你。"兵哥说。

◆ 如何拥有超强逻辑（二）

"兵哥，我昨天按照'先说结论，后说理由'的方式向王总汇报，王总很高兴，让我以后就按照这样的方式来汇报工作。"一上班，满面笑容的小萌走进了兵哥的办公室。

看着小萌脸上的笑容，兵哥说："领导一般都喜欢下级先说结论，后说理由。因为他们都比较忙，没有时间听你慢慢说理由，说细节。"

"兵哥,我昨天问你,是否以后和别人交流都采用'先说结论,后说理由'的方式,你说不一定,要分场合,哪些场合不能用'先说结论,后说理由'呢?"爱学习的小萌没有忘记昨天兵哥的嘱咐,因此一大清早就问兵哥。

"正规的金字塔结构是这样的。"兵哥指着电脑说。

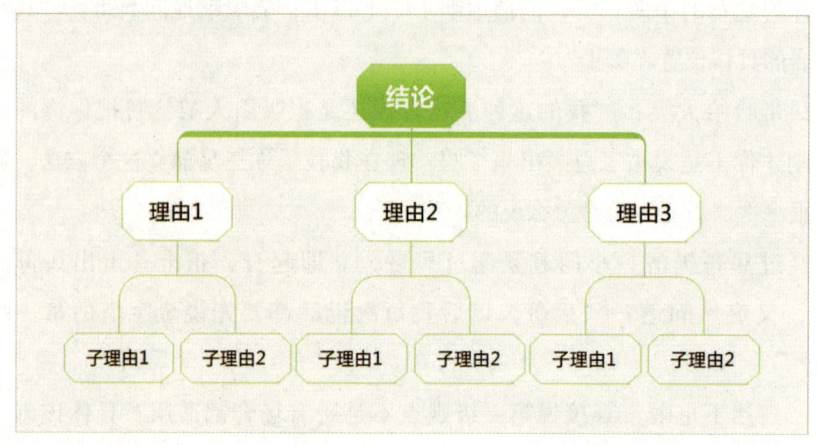

"大多数场合,我们和别人交流的时候,都是先说金字塔的第一级观点,也就是先说结论。如果对方继续提问,我们再说第二级结论,也就是再说理由。但凡事无绝对,有些场合我们需要采用倒金字塔结构,与别人交流。

"比如,你给别人传递负面消息时,担心对方一下子承受不了这种打击,你就不能采用金字塔结构,不能一开口就说结论,你可以先说理由,再说结论。

"假设你现在是人力资源部部长,有一个新来的员工王刚,他不适合在产品研发部工作,你准备把他调到销售部。在调整工作前你需要和他谈谈心。

"你不能一见面就说,王刚,你明天到销售部去上班。一方面,你不适合在产品研发部工作;另一方面,销售部目前缺人;最后,把你安排在不同岗位锻炼,能全面提升你的能力。

"这种方式太直接,这种典型的金字塔原理效果并不好。

第 5 章
有逻辑地表达和思考

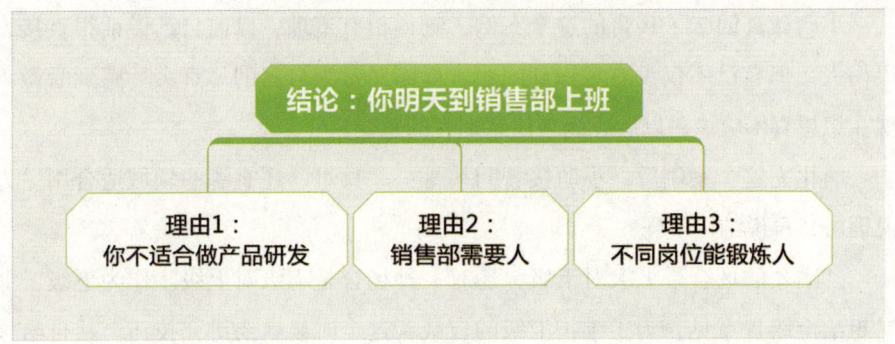

"如果对方的心理承受能力不强,这种表达方式会给他带来更大的痛苦。

"小萌,你也知道我们中国人讲话是很含蓄的,你可以采用'先说理由,再说结论'的方法。这样对方更容易接受。

"你可以这样对王刚说:王刚,每个人都有自己擅长的领域,上次和你交流过,你说自己很外向,喜欢与人交流,做不了产品研发这种工作。刚好销售部的小李辞职了,目前很缺人。你在产品研发部工作过了,如果换到销售部,可以积累不同的经验。我们准备把你从产品研发部调到销售部,你觉得怎么样呢?

"小萌,如果你采用这种方式和王刚交流,他一定能更容易地接受你的建议。"

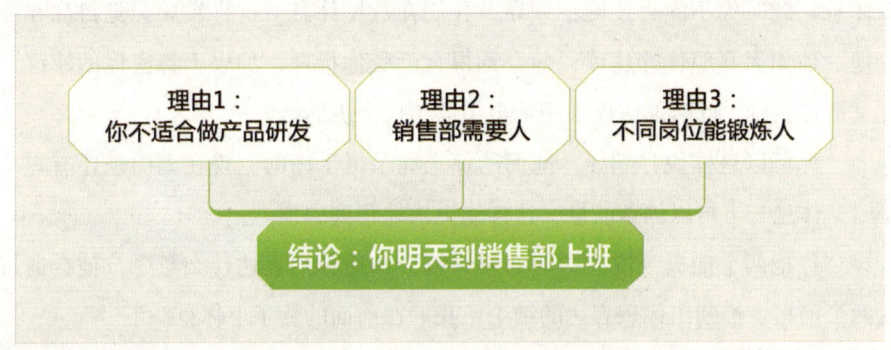

小萌认真回味了兵哥的这个案例，觉得很有道理，以前自己说话很直接，很伤人，但自己不仅没有意识到问题，反而经常为自己的'直爽'感到骄傲，现在想想真不应该，以后应该多注意别人的感受。

消化完这个案例后，小萌接着问兵哥："兵哥，还有哪些领域适合用'先说理由，再说结论'呢？"

"刚才的场合是上级对下级，还有一种场合是下级对上级。作为下级，如果想给上级提意见，为了维护上级的权威，这个时候就要讲究技巧。兵哥给你说一个故事。

"话说有一天，领导和下属坐飞机去开会，突然飞机出现故障，摇摇欲坠，一看情况不妙，领导迅速抢过一个降落伞准备逃生。旁边的下属很绅士地对领导说，领导，飞机上还有女人呢！领导一嘴巴打过来说，都什么时候了,你还想着找女人！"

小萌一听哈哈大笑。

兵哥说："其实这个下属的表达方式很好，只不过那位领导没有领会他的意思。

"作为下属，为了维护领导的权威，最好不要指挥领导做某件事。而应该先说出几个理由，几个前提，聪明的领导能很快明白你的意思。

"例如，你和领导一起去爬山，爬到一半的时候，你看到前面有个凳子可以休息。此时你不能直接说：领导，我们在这里休息。这样领导会觉得你在命令他。他如果答应你的建议，他会觉得自己受你指挥，如果不答应你的建议，你又会很尴尬。此时你应该采用倒金字塔结构来表达。

"你可以这样说：领导，前面的那个凳子挺干净的，现在离山顶还有三个小时，休息一下可以储备能量，这样能更快地爬到山顶。

"你把两个前提一说，聪明的领导就会知道你想表达什么意思，他会通过这两个前提，推断出你想表达的结论：我们在前面的凳子上休息一下。"

"兵哥，和领导相处需要注意这么多吗？"小萌有些疑惑。

"中国本来就是个讲究人情世故的国家，我们要改变能改变的，接受不能改变的。你与其跟这个大环境斗争，还不如改变自己，让自己适应。小萌，有一些研究动物进化的科学家发现，人之所以能够存活下来，很重要的一个原因就是人具有强悍的适应力。人啥都能吃，有肉就吃肉，没肉吃树叶也能活下来。

"恐龙这种曾经主宰地球的动物，虽然很强悍，霸占地球很多年，但它们的适应力不强。吃草的恐龙吃不惯肉，吃肉的恐龙吃不惯草，结果被大自然淘汰了。

"适应力是一种非常了不起的能力。老子在《道德经》中很推崇水，他的观点是'上善若水'。怎么理解呢？很简单，就是我们应该像水一样，能适应不同的环境，在圆形的瓶子里，水就是圆形的，在方形的瓶子里，水就是方形的，在波涛汹涌的大海里，水就成了波浪。好了，小萌，今天就先分享到这里。"

"谢谢兵哥！"小萌说。

◆ 有节奏地表达自己

"兵哥，大事不好！"小萌急匆匆地对电话那头的兵哥说，"客户刚才打电话投诉我们，说刚出厂的A产品包装盒破裂了。这个客户是我们的老客户，和我们关系都很不错，你觉得我现在该怎么办？"

兵哥听了半天也没明白小萌想表达什么，于是对小萌说："你现在到我办公室来。"

小萌赶紧放下电话，跑到兵哥办公室。

"刚才发生了什么事？"兵哥冷静地问小萌。

"是这样的，刚才老客户李洋给我打电话，说我们发给他的A产品包装盒破裂了，他们原本要将这个产品作为礼物送给他的合作伙伴，但现在没有办法送了，他非常着急！"

兵哥大概明白了这件事，于是问："你准备怎么办？"

"李洋是我们的老客户，关系一直很不错，现在市场竞争这么激烈，如果没有服务好李洋，有可能他以后就跟别的公司合作了。"

虽然小萌表达得不是很清晰，但兵哥已经大概了解这事的来龙去脉，于是拨通了负责发货的张光的手机："小张，关于发给李洋A产品包装盒破裂的事，我建议立即用专车将另一套新的A产品送过去，第一：李洋是我们的重要客户，我们不能得罪他；第二：李洋离我们公司也不远，开车送过去比较快；第三：李洋着急使用该产品，第一时间将产品送到他手中非常重要。你现在就去库房拿一套新的A产品开车送过去。"

打完电话，兵哥对小萌说："小萌，你的口头表达能力还需要进一步加强啊。刚才你跟我汇报A产品包装盒的事，我听了半天都没听懂，还是靠抓取你话语中的几个关键词，才把这件事搞明白。在以后的工作中，建议你使用扩展型金字塔结构，方便自己整理思路，也方便别人理解你的意思。"

小萌有些疑惑，什么是扩展型金字塔结构？

兵哥看出了小萌的疑惑，于是打开电脑："这就是扩展型金字塔结构。

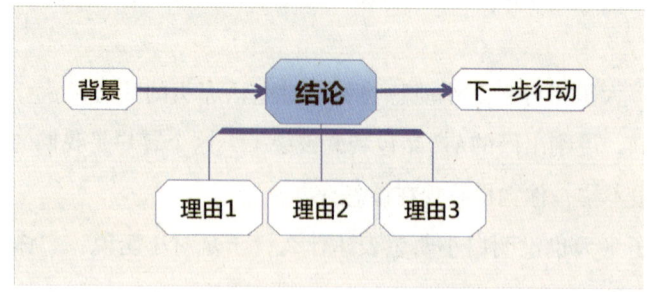

第5章
有逻辑地表达和思考

"正常的金字塔是由结论和几个理由组成。扩展型金字塔是在结论的前面增加了一个背景,在结论后增加了下一步行动。

"什么是背景呢?就是你准备和别人谈话的主题。什么是结论呢?就是针对这个谈话主题,你的观点是什么。下面的理由1、理由2、理由3都是用来支撑这个结论的。

"下一步行动是什么呢?就是你希望对方听完你的结论后,即将采取的下一步行动。刚才我给负责发货的张光打电话,就是按照这样的结构。

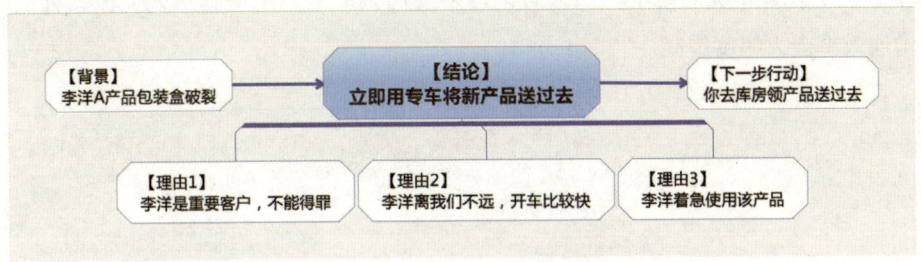

"我给负责发货的张光打电话,要先给他交代我们这次谈话的主题,也就是李洋A产品包装盒破裂的事。这样才能把他拉到和我同一个频率上,交流才会顺畅。

"然后我把自己对这件事的观点先抛出来:立即用专车将新产品送过去。这样能让张光迅速把握我的意思,而不需要进行太多思考。

"接着我解释为什么要立即用专车将新产品送过去。按道理我可以不用给张光解释,但我还是耐心地解释一下,为什么呢?你还记得兵哥以前对你说过'知道为什么做这件事,比知道怎么做更重要'吗?"

小萌回答:"记得。不忘初心,方得始终。目的非常重要。"

兵哥见小萌能跟上自己说话的节奏,于是说:"是的,目的特别重要。为什么要立即用专车将新产品送过去呢?理由有三点:第一,李洋是重要客户;第二,李洋着急使用该产品;第三,专车比较快。

"当我把目的跟张光说透彻了,好处一,张光能意识到这件事的重要性。

好处二，张光能够灵活处理这件事。假设在送货过程中，汽车坏了，他已经知道了这件事的重要性，他就可以把车停靠在安全的地方，然后打车，或者坐地铁，把产品第一时间送给李洋。并且在这个过程中不用再向我请示。

"很多领导把任务交代给下属后，觉得下属太死板，不会动脑筋。其实一个重要的原因是领导没有交代清楚目的，只要你把目的说清楚了，下属就能灵活处理这件事。

"目的不变，手段变。这个思路很重要。小萌，你用心体会其中的奥妙。好了，今天就先说到这里，回去后记得多使用扩展型金字塔和别人交流，你的沟通效率会大幅度提高。"

◆ 有效地表达自己

"兵哥，他家饭菜的种类很多，并且送饭速度很快，一般15分钟就可以把饭菜送到，前几天我让送快餐的师傅帮忙把楼下的包裹顺便带上来，他二话不说就直接拎上来了。"最近公司正准备换一家快餐店，以解决中午吃饭的问题，兵哥让小萌对比楼下几家快餐店，小萌正在向兵哥汇报楼下新开的川王府快餐店。

"还有其他优点吗？"兵哥问小萌。

"还有啊，他们家的快餐还经常搭配水果，饭菜也没有异味。我打电话问他们都有哪些饭菜的时候，他们都会很耐心地给我解释各种饭菜的特点。对了，他们家的快餐盒和筷子都很干净。"

"还有什么其他优点呢？"兵哥接着问道。

第5章
有逻辑地表达和思考

小萌认真地想了一会儿，又对兵哥说："对了，他们家做的是川菜，很符合我们公司员工的口味。"

兵哥心想这家快餐店的确不错，小萌为了选择快餐店，应该费了不少功夫，但觉得小萌的表达能力还需要进一步提升，于是问小萌："选择快餐店这件事你需要给王总汇报一下，你一会儿准备怎么汇报呢？"

小萌不假思索地答道："就这样汇报呗！"

兵哥一听差点儿吐血："你忘了我上次教你的金字塔原理了吗？你这样凌乱地表达，王总又要说你逻辑性不强了。"

小萌拍了一下脑袋："说到吃这件事，我就把金字塔原理忘了，幸亏有兵哥提醒。"

"给领导汇报工作，和别人交流，最好选择先说结论再说理由的方式。并且你刚才说了很多理由，这些理由都可以归为一类，归类后表达的效果更好。"兵哥耐心地说，"你稍等一下，我给你画一张思维导图。"

五分钟后，兵哥指着电脑对小萌说："当你把各种理由归类后，你可以这样表达自己。"

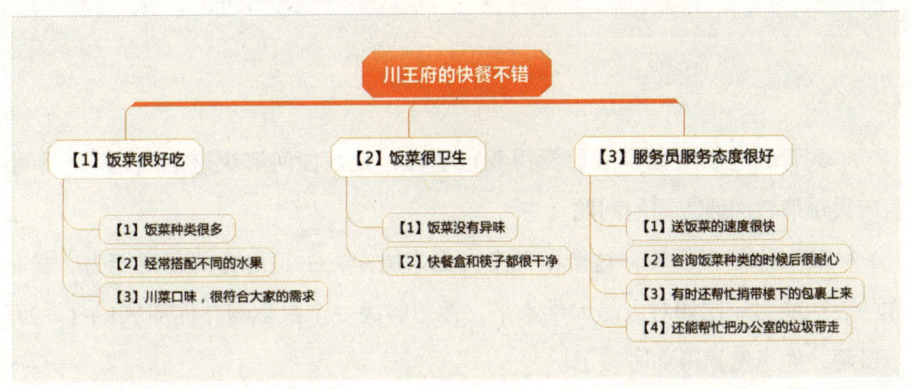

小萌看着思维导图，认真思考了一会儿："兵哥，我明白了，一会儿我给王总这样汇报，你看行不行？

"王总，经过考察，我觉得川王府的快餐不错。理由主要有三点：第一，饭菜很好吃。我订过几次快餐，发现他们家的饭菜种类很多，还经常搭配不同的水果，很关键的一点是川菜口味，符合大家的需求。

"第二，饭菜很卫生。从我最近一周订餐的效果来看，他们家的饭菜没有异味，快餐盒和筷子都很干净。

"第三，服务态度很好。送饭菜的速度很快，一般15分钟就可以送到。我咨询饭菜种类的时候，他们都很耐心。前几次我让送快餐的师傅帮忙捎带楼下的包裹上来，他们都很乐意。此外，他们还帮忙把办公室的垃圾带走。"

兵哥一听，觉得经过自己的点拨，小萌的对金字塔原理的理解更深了，于是对小萌说："这种表达方式很好，对方能很快抓住你谈话的要点。好了，你先去找王总汇报，回来后我再教你几招。"

◆ 根据情况确定谈话的深度

"兵哥，有的时候别人会觉得我很啰唆，我该如何解决这个问题呢？"小萌向兵哥请教沟通方面的问题。

"其实你是否啰唆，这个由两个方面来决定，一是对方的理解能力，二是你的表达能力。比如对方是大学水平，他想解决一个数学题，你却从1＋1＝2开始讲解，他当然觉得你啰唆了。

"又比如，对方是小学水平，他想解决一个数学题，你却从大学层次开始讲解，你从微积分的角度给他讲解，他就会听不懂。

"因此，你要从对方的理解层次出发，来确定自己谈话的深度。我们谈话的层次如下：

第 5 章
有逻辑地表达和思考

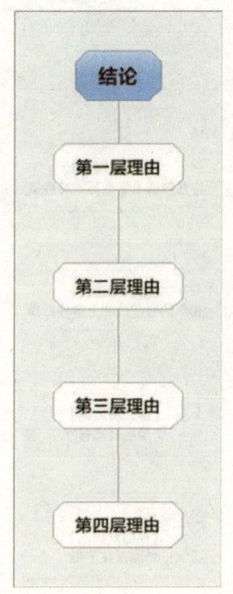

"对于接受层次高的人，你说完结论后，稍微解释一下第一层理由就行啦。对于接受层次低的人，你说完结论后，还需要再解释第二层和第三层理由。

"例如你走在超市的扶梯口，外面正在下雨，鞋底上有水，人走在扶梯上容易摔倒。现在有一个青年正准备乘坐扶梯下楼，你可以这样向他解释：

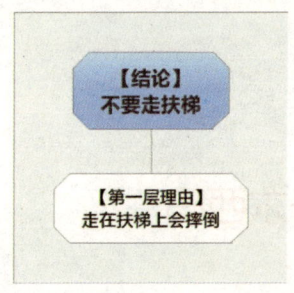

"你直接对他说：兄弟，不要走扶梯，走在扶梯上会摔倒。因为他是小青年，稍微提醒一下他就明白了。如果对方是一个80岁的老奶奶，你可能就需要这样解释了：

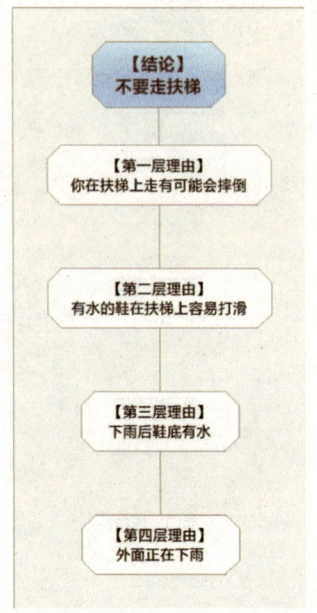

"你这样一层一层地解释，老奶奶不但不会觉得你啰唆，而且还会觉得你很热心。相反，如果你对30岁的青年解释得这么详细，他会觉得你有病。

"兵哥帮你总结一下，以后和别人交流，建议使用先说结论后说理由的方法。具体要说多少层理由，要根据对方的接受能力来决定。"

◆ 男人真不是好东西吗

"兵哥，前段时间跟着你学习逻辑思维以后，效果很好。特别是掌握了先说结论后说理由以后，现在说话变得更有条理了。"最近收获满满的小萌又开

第5章
有逻辑地表达和思考

始和兵哥交流起逻辑思维。

"我最近研究逻辑思维后发现,有归纳法和演绎法,这两者有什么区别呢?"

兵哥一听,原来是这么简单的问题,于是对小萌说:"举个例子。今天我发现人力资源部的小王用苹果手机,小李用苹果手机,小张也用苹果手机,所以我认为全公司的人都在使用智能手机。这就是归纳法。

"归纳法就是把很多事实放在一起,然后总结出其中的规律。归纳法的好处是通俗易懂,但坏处也比较明显,那就是逻辑不是很严谨。"

小萌立即点了一下头:"是的,比如我就没用智能手机。"

"对,如果要推断出全公司都在用智能手机这个结论,从非常严谨的角度上来说,应该统计所有员工使用的手机类型,再得出这个结论。当然啦,这是非常严谨的方法,一般情况下,我们不用这么严谨,差不多就行啦。

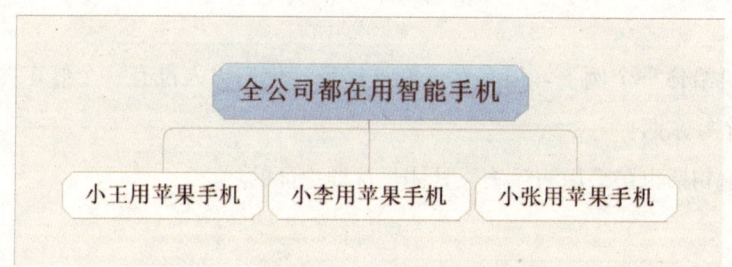

"说完不太严谨的,我们再说一个严谨的,就是演绎法。举个例子,我们小时候很喜欢看中央电视台的《动画城》,《动画城》是傍晚6点开始播放。现在是傍晚6点,所以《动画城》马上就要播放了。这就是演绎法。

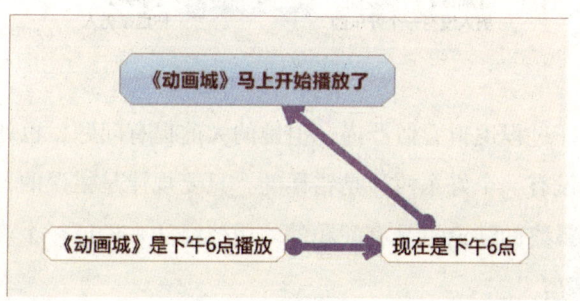

"演绎法的好处就是论证过程非常严谨,但坏处就是如果第一个大前提是错误的,后面得出的结论就会有问题。"

小萌感觉听懂了,但又不太懂,于是问道:"兵哥,归纳法很简单,我已经理解了,你能把演绎法再详细说一下好吗?"

兵哥说:"没问题。演绎法由三大段组成。一般来说,第一段是先说一个常见的规律,第二段说这个规律下的一个事实,第三段就说这个规律和事实推出的结论。

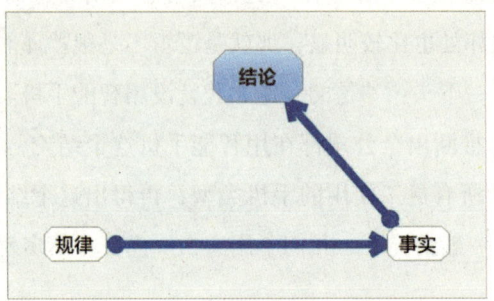

"再给你举个例子。很多女生都这样说,你们男人没有一个好东西,你也不是一个好东西!

"这句话也是采用演绎法,具体是这样论证的。

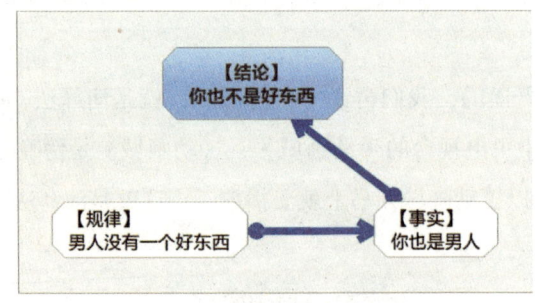

"这个论证过程逻辑看似严谨,但她的大前提有问题,也就是她放在前面的规律'男人没有一个好东西'是错误的,只要规律是错误的,就算论证过程再怎么严谨,最终的结论也是有问题的。用演绎法来论证一个观点,放在前面的规律非常重要。"

第5章
有逻辑地表达和思考

◆ **骗子是用什么方法骗你的**

"兵哥,昨天听了你关于归纳法和演绎法的讲解,我对逻辑的理解比以前更深了,你能再展开一下吗?"自从将思维导图引入逻辑的学习后,小萌最近的进步很明显。

"好的,今天给你展开一下归纳法。归纳法主要是寻找各种观点的共同点,然后将这些共同点提炼出来。

"例如,我们公司新来几个大学生,小张很勤奋,小王很刻苦,小李经常向老员工请教高效工作方法。我将这个三个观点提炼以后,得出这样的结论,这一批大学生总体素质很高。

"昨天已经说过了,归纳法的好处是简单,无论男女老少都在使用。但这种方法的缺点也很明显,那就是容易以点概面,以偏概全。还是刚才的那个例子,比如我们公司来了100个大学生,我只接触了三个,刚巧这三个表现都非常好,我得出了这批大学生总体素质很高这样的结论,这种论证太片面。

"小萌,你要注意,很多江湖上的培训师、讲师就经常用归纳法来欺骗人。他们经常抛出一个与众不同的观点,然后用一个很偶然的案例来支撑他的观点。例如下面这样:

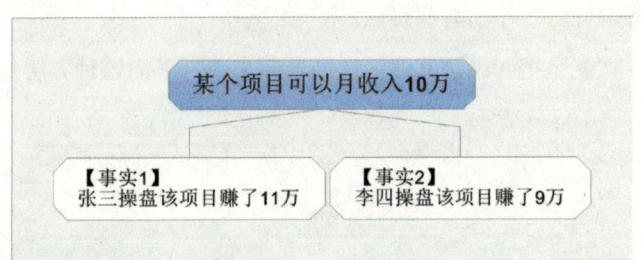

"听到这样一夜暴富的案例,你感觉很激动,也想去操盘该项目。那说明你已经被这些骗子骗了。事实上,也许真相是这样的:

"看到这个真相,你还会相信该项目可以月收入10万吗?因此,当别人试图拿某些成功案例来说服你的时候,你要找出其他的失败案例,不要被这些骗子给忽悠了。"

◆ 让说话更有条理

"兵哥,前几天你讲解了归纳法和演绎法,还有比这些更牛的方法吗?"正在研究逻辑学的小萌问兵哥。

"当然有了,比归纳法和演绎法更牛的方法,就是归纳法+演绎法。"兵哥认真地对小萌说。

"怎么理解呢?"小萌有些疑惑。

兵哥说:"就是把归纳法和演绎法结合起来呗!下面这种方法是归纳法。"

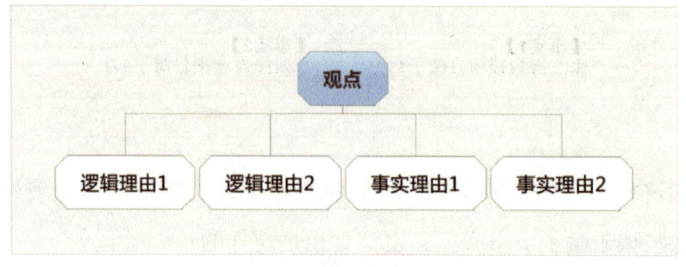

第 5 章
有逻辑地表达和思考

"下面这种方法是演绎法。

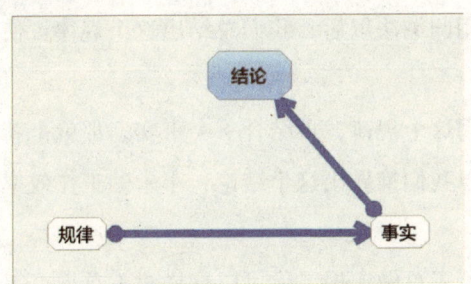

"下面这种就是归纳法＋演绎法。

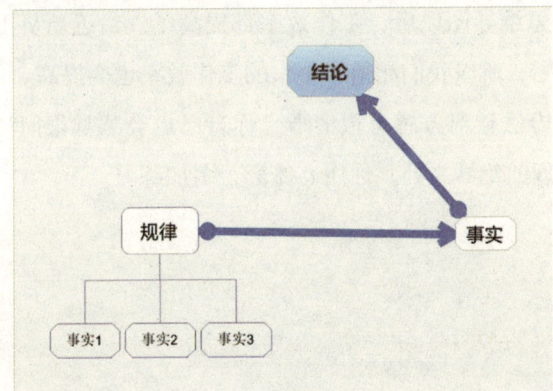

"首先,这个思维导图的左下角的规律是由三个事实总结出来的,这里属于归纳法。然后从规律到事实,再到上面的结论,这里属于演绎法。为了让你更好地理解,兵哥举个例子。

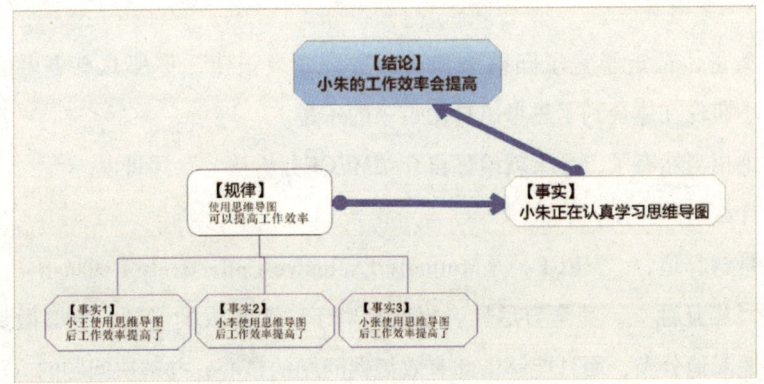

"例如，我们公司的员工小王、小李和小张，使用了思维导图以后，工作效率都提高了，使用归纳法以后，我们总结出这个规律：使用思维导图可以提高工作效率。

"然后我们使用这个规律，再结合一个事实，那就是新员工小朱正在认真学习思维导图，所以我们推导出这个结论：小朱的工作效率会提高，这里就是演绎法啦。

"假设你现在给王总做汇报，你可以这样对王总说：王总，经过多年的实践，我们发现使用思维导图可以提高工作效率，因为我们公司的员工小王、小李和小张使用了思维导图以后，工作效率都提高了。最近新员工小朱也正在认真地学习思维导图，所以我们相信，小朱的工作效率也会提高。

"这种表达方法让对方感觉很清晰，你自己也会感觉很简洁。这就是思维导图＋金字塔原理的绝妙之处。你用心体会，多加练习。"

◆ 效果惊人的MECE分析法

"兵哥，最近学完了归纳法和演绎法，效果很棒，你那儿有更多的绝招吗？"小萌现在体会到了思考给自己带来的乐趣。

"绝招当然有了，今天就给你再介绍MECE分析法。"兵哥说。

"什么是MECE分析法？"

兵哥解释道："MECE，是Mutually Exclusive Collectively Exhaustive，中文意思是'相互独立，完全穷尽'。也就是对于一个重大的议题，能够做到不重叠、不遗漏地分类，而且能够借此有效把握问题的核心，并解决问题的方法。

"MECE分析法是麦肯锡的第一个女咨询顾问巴巴拉·明托提出的一个很重要的原则,这是金字塔原理中的核心法则之一。

"MECE法则由两句话组成,第一句:相互独立。第二句:完全穷尽。

"怎么理解相互独立呢?比如世界上有两种人,男人和女人,男人和女人就是相互独立。如果我问你,公司的员工年龄结构是如何划分的,你回答说由20岁到25岁,24岁到30岁,28岁到35岁,这种划分方法就不是相互独立,因为20岁到25岁,和24岁到30岁之间有重复,有叠加。

"怎么理解完全穷尽呢?例如,一周由哪几天组成?你回答说由周一、周二、周三、周四、周五、周六、周日组成,那这就是完全穷尽。如果我问你,一年由几个季节组成,你回答说由春季、夏季、秋季组成,遗漏了冬季,这样就不能称为完全穷尽。

"相互独立,完全穷尽是一个非常有效的分析方法,你用这种方法去分析身边的事物,去分解工作中的目标,去管理一个企业,你发现自己的逻辑会非常严谨,思维会非常缜密。今天就先给你开一个头,明天继续给你分享更多的干货。"

◆ 不学习MECE,思维导图就白学了

"兵哥,我想认真和你探讨一个问题。"小萌对兵哥说,"我觉得思维导图很简单,就是画一个中心主题,然后再画几个分支就完事了。"

兵哥听完后哈哈大笑:"从动作层面来说,思维导图的确简单,就像你说的这样,画一个中心主题,然后再画几个分支。事实上,思维导图没有这么简单,你看到的只是表象。

"如何判断一幅思维导图的质量呢?不是看这幅思维导图线条是否优美,颜色搭配是否和谐,如果你以这样的标准来看思维导图,就像一个人觉得《清明上河图》很好是因为这幅画特别大一样。这样的评价方法太低了。

"判断一幅思维导图的质量,关键是判断它的逻辑是否严密,是否符合MECE法则(相互独立,完全穷尽)。

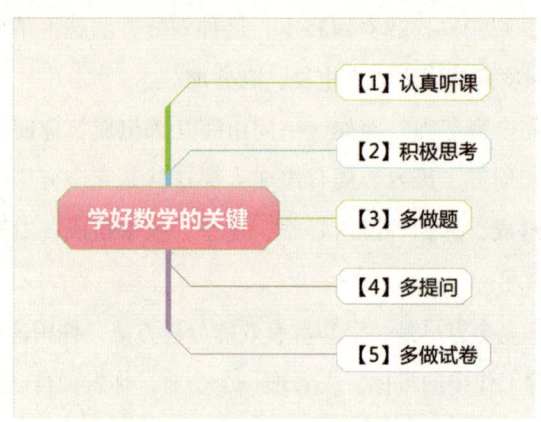

"例如,上面的思维导图质量就很差。"小萌认真看了一下思维导图,没有发觉哪里做得不对。

兵哥指着思维导图说:"学好数学的关键,这里有五个方法。你注意看,第三点多做题和第五点多做试卷表达的意思差不多,这样就不符合MECE法则中完全独立的原则。如果严格按照MECE法则,那这个思维导图应该这样画。

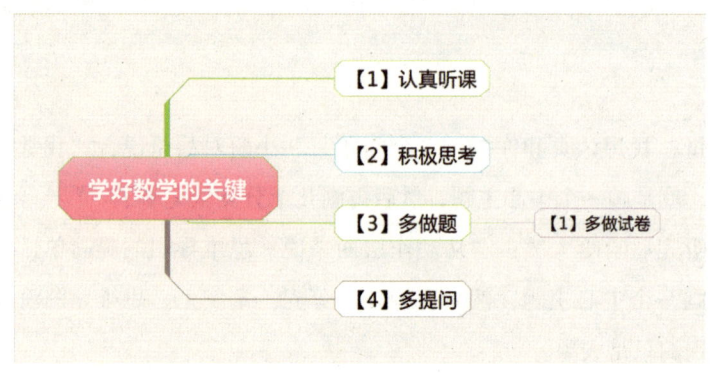

第5章
有逻辑地表达和思考

"MECE是一种非常棒的思考框架,熟练运用MECE法则,可以帮助我们寻找到从未想到的想法。比如在第三点多做题那里,我填写上多做试卷以后,又想到了其他几点。

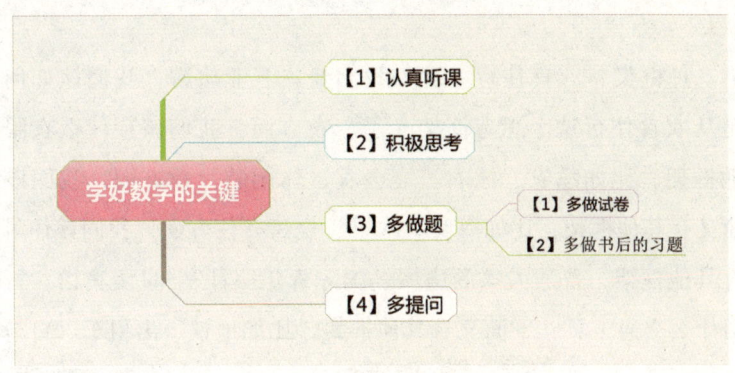

"很多人整天张口闭口说要创新,如何进行思路创新呢?答案就在这里,多使用MECE法则指导自己进行思考!"

"我明白了,兵哥,你能再把MECE法则扩展一下吗?"小萌说。

"MECE法则有一个很好的用途,就是可以给我们提供很多思考框架。"兵哥说。

"什么是思考框架呢?"小萌对这个概念有些疑问。

"思考框架,就是指思考的方向。很多时候我们的思考是没有方向的,这种思考效率很低,效果很差。如果有了思考方向,就不一样了。比如现在家里来了客人,我们该做什么饭菜招待他呢?我们首先会想到四菜一汤。这个四菜一汤就是一个思考框架,四个菜都有什么菜呢?我们会想到凉拌菜、荤菜、素菜、大菜。

"有了这样的思考框架,我们的思考就会非常高效,思考质量也会很高。比如凉拌菜可以是拍黄瓜,荤菜可以是青椒炒肉末,素菜可以是炒豆角,大菜可以是清蒸鲈鱼,汤可以是西红柿鸡蛋汤。

"类似这样的框架还有很多,兵哥再给你介绍生活和工作中常见的几个框架。比如过去、现在和未来,比如衣食住行,比如德智体美劳,比如技术和管理……

"我们先说第一种：过去、现在和未来。比如我们要创业，想操盘某个项目，我们就先思考这个项目过去人们做得怎么样，现在是否赚钱，未来的增长空间有多大。

"第二种框架：衣食住行。比如我们要去三亚旅游，我们该如何做准备呢？就是从衣食住行这个思考框架入手。衣方面，我们该穿什么衣服？下面又有其他框架，比如睡衣、泳衣、宴会衣、休闲装。食方面，我们该吃什么呢？下面又有其他框架，比如海鲜、水果、烧烤。住方面，我们该住哪里呢？下面又有其他框架，普通人家的房屋、国际青年旅社、5星级宾馆。行方面，我们该用什么交通工具？下面又有其他框架，比如地铁、出租车、自行车、自驾车。

"第三种框架：德智体美劳。比如我想找一个实习生，就可以从德智体美劳五个方面去考察他。

"类似这样的框架有很多，我们要善于总结，就像兵哥经常对你说的那样：复杂工作简单化，简单工作流程化。这过程，就是形成各种框架的过程，框架越多，思考效率越高，思考质量越高。"

小萌认可地点了点头，接着问："兵哥，我用这么多框架，会不会变得死板呢？"

"当然会了，凡事都是有利有弊，使用框架的确会让人变得有些死板。但有一个道理你可以认真琢磨一下：两害相权取其轻，两利相权取其重。使用框架获得的好处，远远大于使用后获得的坏处。这样计算下来，你会发现使用框架还是很值得的。"兵哥说。

第 5 章
有逻辑地表达和思考

◆ **如何清晰地思考**

"兵哥，我最近花销有些大，家人都让我省点儿钱，你觉得我该怎么办呢？"小萌现在已经把兵哥当作万能的哆啦A梦了。

"具体怎么省钱，方法很多，你首先想到什么方法呢？"兵哥反问小萌。

"我想到了少去看电影，少吃烧烤，少去高档酒店。暂时能想到这些。"小萌答道。

"学了思维导图，光想到这些是不够的啊！兵哥今天教你一个加减思考法，让你借助思维导图，拥有源源不断的想法。

"人世间有一种非常牛的方法，上到宇宙飞船上天，下到你去菜场买菜，都会运用到的一种方法，那就是加减法。加减法是一种非常核心、非常原始的计算方法。一阴一阳，一正一负，一涨一跌，一生一死，一喜一怒，一张一合，一上一下，一高一矮，一胖一瘦，这些现象经过高度提炼，都可以称为一加一减。

"我们思考很多问题的解决方法，需要有一个思考框架，拥有了思考框架，思考效率就会提高，思考的质量就会提升。

"比如发生了凶杀案，警察的一个思考框架就是去判断凶手的动机，动机通常分为情杀、仇杀、财杀，然后警察顺着各个杀人动机去排查死者周围的亲戚朋友。

"比如产品发生了质量问题，质量管理部门就要思考造成问题的原因、问题的影响、问题的责任人、问题的处理措施、问题的举一反三情况，这是质量管理人员的一个思考框架。

"刚才举的例子是一些特定行业专用的框架，今天兵哥介绍给你的加减思考法，是一种通用的思考方法，可以运用在各个领域。

"例如你的花销有些大，如何解决这个问题呢？思考框架就是一加一减。

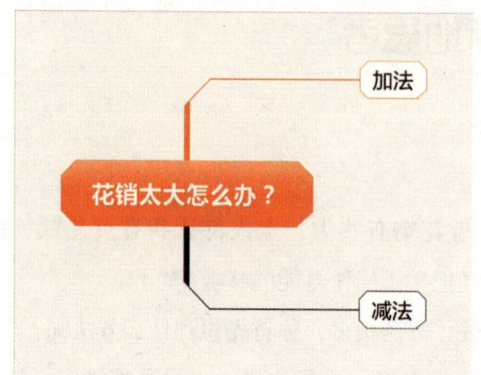

"好了,定好这个大的思考框架以后呢,我们先思考加法这一块。我们怎么做加法呢?这里又有一个思考框架,那就是分为本职工作和兼职工作,也就是如何在本职工作上多赚钱,在兼职工作上多赚钱,总之就是增加收入。

"然后我们再思考减法这一块,我们怎么做减法呢?这里又有一个思考框架,那就是从衣食住行四个方面入手做减法,减少自己的开支。

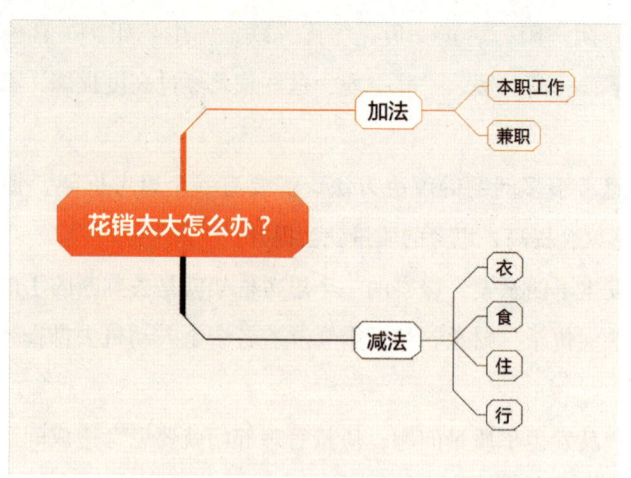

"好了,我们继续往下思考。如何在本职工作上赚钱呢?一是多加班,然后领取加班费。二是向领导谈涨工资。如何在兼职上赚呢?一是去夜市摆地摊,二是去给小孩子做家教辅导。

"我们如何减少开销呢?衣服方面,可以是本季度不再买衣服。食方面,可以减少去高档餐厅的次数。行方面，可以多坐公交，少打车。

"兵哥今天给你布置一个作业，你用这种方法思考一下这个主题，如何进行时间管理。"

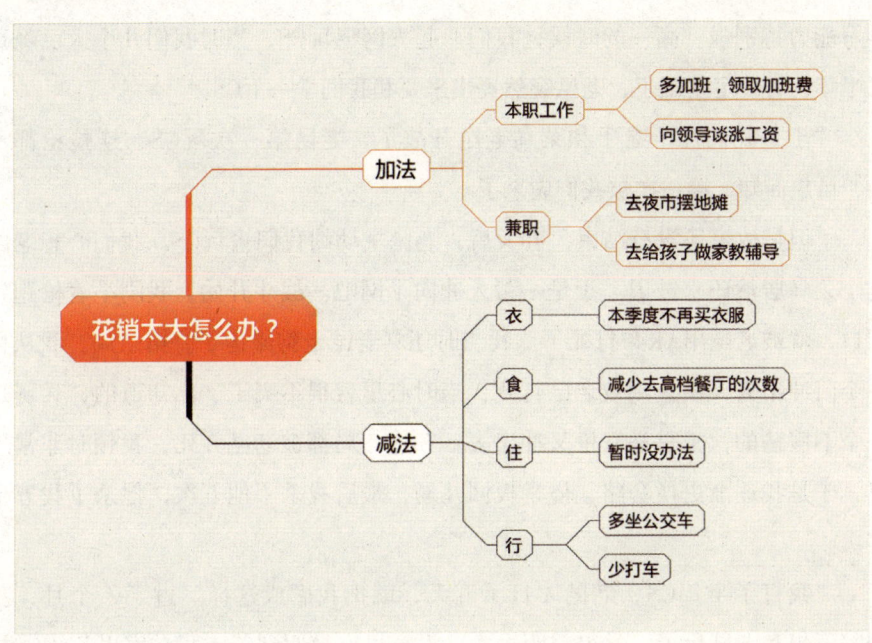

◆ 用思维导图进行反省

"兵哥，你觉得牛人和普通人的区别是什么呢？"小萌悠闲地吃着葵花子，坐在躺椅上和兵哥聊天。

"牛人和普通人的区别有很多啊，比如是否勤奋，是否聪明等。但有一个非常关键的区别，你觉得是什么？"兵哥悠闲地喝着果汁。

"这个我想不出来,如果能想出来就不问你啦!"小萌笑呵呵地说。

"牛人和普通人就在于是否拥有自我反省的习惯。"兵哥从躺椅上站了起来,伸了一个懒腰接着说,"我有一个高中同学叫老昆,现在国外做博士后,学习能力特别强。高一的时候,我们一起去网吧玩CS,当时我们几个人已经玩了半年,有一定基础了,老昆突然提出来要和我们学一下CS。"

"于是我们几个老手和菜鸟老昆开战了,老昆第一次玩CS,连捡枪都不会,可想而知,第一次被我们虐杀了。

"但是故事还没有结束,五天后,老昆主动约我们去玩CS。我们心想老昆这个菜鸟居然还求被虐。于是一帮人冲向了网吧。战斗开始,我刚举着枪跑到门口,就被老昆用AK47打死了。我当时还骂老昆走狗屎运了。第二局,我从另一个门冲出去,又立刻被老昆打死,当时心里就很不爽了。你知道的,兵哥是一个不服输的,于是举着枪又冲出去。一连三局都被老昆弄死,我顿时非常恐惧,于是我逐渐更换套路,侥幸扳回几局,最后我杀了他五次,他杀了我五十多次。

"我打了半年CS,老昆才打了五天,就把我虐成这样。过了一个月,我们都不想和老昆玩了,觉得差距太大,没意思。暑假到了,我在家里苦练CS技巧,准备开学后找老昆一决高下。可是开学后,老昆居然说他不玩CS了。问他为什么,他说CS玩腻了,想玩别的游戏了。"

小萌听完这个故事,强烈的好奇心上来了,放下手中的葵花子问:"兵哥,老昆为什么进步这么神速啊?"

兵哥淡淡地说:"高中快毕业的时候,为了这事我还专门问过老昆,问他为什么进步这么神速。他的回答很简单,就是不断反省,不断总结。

"老昆说,他第一次和我们玩完CS以后,就开始反省为什么他总是死。后来发现是因为自己选的枪不对,经过研究,开始选中了AK47。自己和电脑打了几局以后,发现蹲着射击时准心更稳。通过不断总结,逐渐使用扫射、边跑边射等方法。为了玩好CS,老昆还专门买了一个本子。每次玩完后都总结自己哪里打得好,哪里打得不好,一共写满了两本笔记本。

"听完老昆的话,我当时感觉后背都发凉了,觉得老昆太可怕了,玩一个游戏都搞得这么认真。"

小萌也觉得老昆很可怕:"兵哥,我意识到反省和总结的重要性了,那我们如何反省和总结呢?"

兵哥看了一眼小萌,从包里拿出了自己的ipad,指着一张思维导图说:"来看看这个,这是兵哥总结出来的思维导图模板,专门用于自我反省,效果很棒,现在送给你啦。"

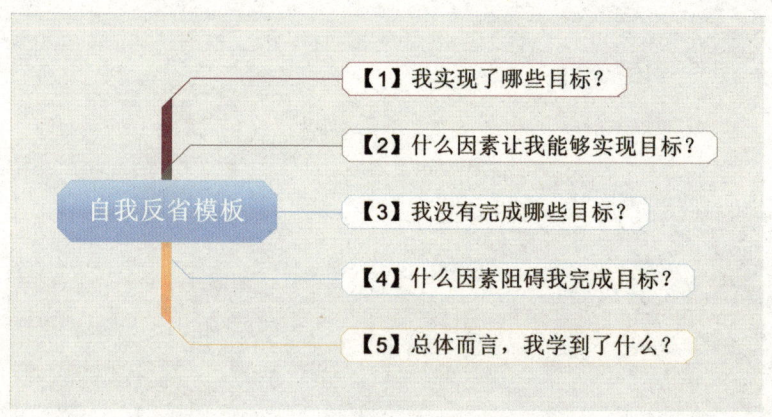

"当一周结束以后,你可以拿出这个模板,总结上周自己完成了哪些目标,没有完成哪些目标,并总结自己学到了什么。你按照这个思路去总结,不出半年,你的工作经验一定会超过那些工作了两三年的老员工。因为你每过一周,自己都得到了提升,每一周都是积累。"兵哥指着导图对小萌说。

"谢谢兵哥,我回去后会用心实践这个反省模板。"小萌愉快地回答。

"对了,最后再给你讲一个故事。有一天,一个老员工走进老板的办公室,对老板说,老板,我已经在我们公司工作15年了,有了15年的工作经验,但现在工资还是3000元,你该给我涨工资了。

"老板一听就乐了,说,你每天都在重复地做同一件事,你不是拥有15年的工作经验,你是把一个工作经验用了15年。15年来你都没有什么进步,我凭什么给你涨工资呢?

"其实这位老板说得很对,这位员工不反省,不总结,当然也不会有进步了。小萌,你也不想15年后推开老板的门重复这位老员工的话吧?"

小萌明白兵哥是在点拨自己,赶紧说:"兵哥,我懂了,人和人的区别就在于是否善于反省。"

兵哥看小萌开窍了,便端起果汁说:"好了,休息时间结束了,我干活去啦,我们明天见。"

后记

《思维导图高手》，一本为读者带来提升的图书

2014年底认识张兵老师，非常年轻，很有天赋，从来没有见过一个人如此热爱思维导图，把思维导图生活化、简单化。他在课程中用通俗易懂的方法教会大家使用思维导图。

2014年底，我们三羌文化出版了张兵老师的光盘教程《思维导图之七星拳》，收到了读者的一致好评。

2015年，三羌文化联合张兵老师隆重推出《思维导图高手》，这本图书的定位就是提升效率、提升收入、提升格局。

如何将这些提升内容落在实处呢？这就是《思维导图高手》与众不同的地方，因为这本图书带有后期辅导，并且将这些提升一一落在实处。

下面我通过一张思维导图，告诉大家《思维导图高手》这本图书附加的八大价值：

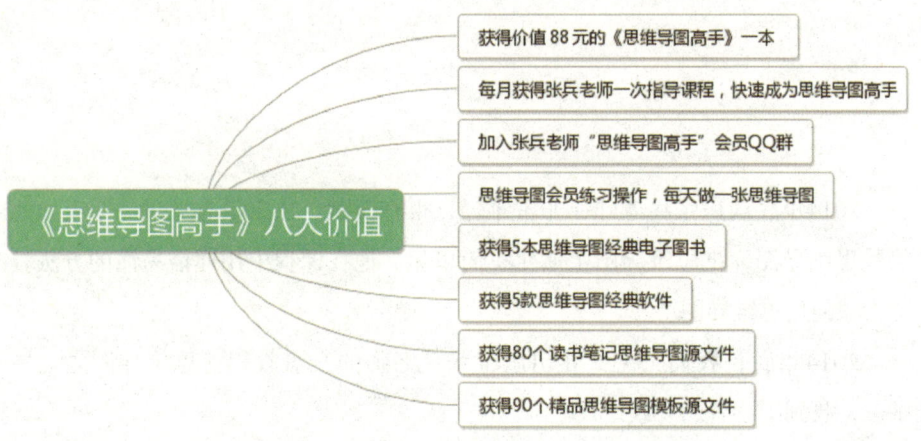

如何获得这些价值呢？凡是购买图书的朋友们，都可以加入思维导图高手VIP群（515644687）。参加《思维导图高手》众筹的朋友，也都可以加入QQ群，每天使用思维导图来分析问题。

参加"每日一张思维导图"活动的读者表示收获巨大。其中有不少读者这样反馈：

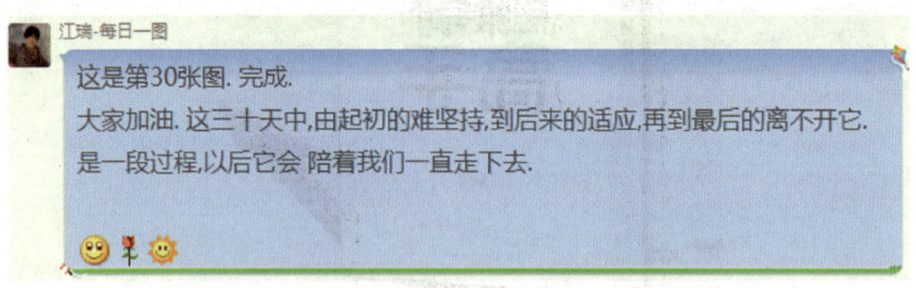

后记
《思维导图高手》，一本为读者带来提升的图书

江琦-每日一图

谢谢张兵老师@张兵,提供的这么一个学习成长的机会. 🌹🌹🌹

01-12 21:58

跟随张兵老师学习思维导图，一方面迅速提高了自己的理解、记忆、归纳、总结、整理能力，另一方面也使自己变得更专注、更高效，同时也更有自制力和自信心。这些良好的素质和心态，将成为我受用不尽的人生财富，帮助自己过上最想要的那种生活！---电信职员 刘芳

我们看看他们做的思维导图，以前从来没有学习过思维导图的朋友，经过张兵老师的指导，很快成为思维导图高手。

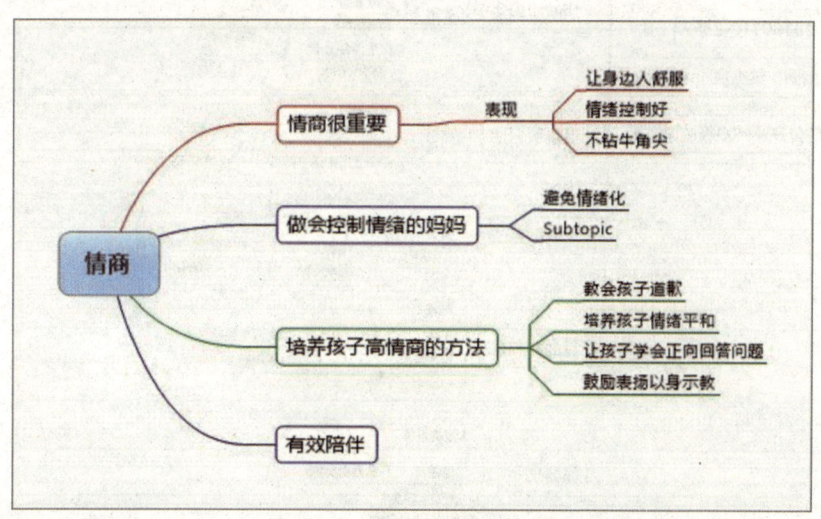

思维导图高手
提升效率·提升收入·提升格局

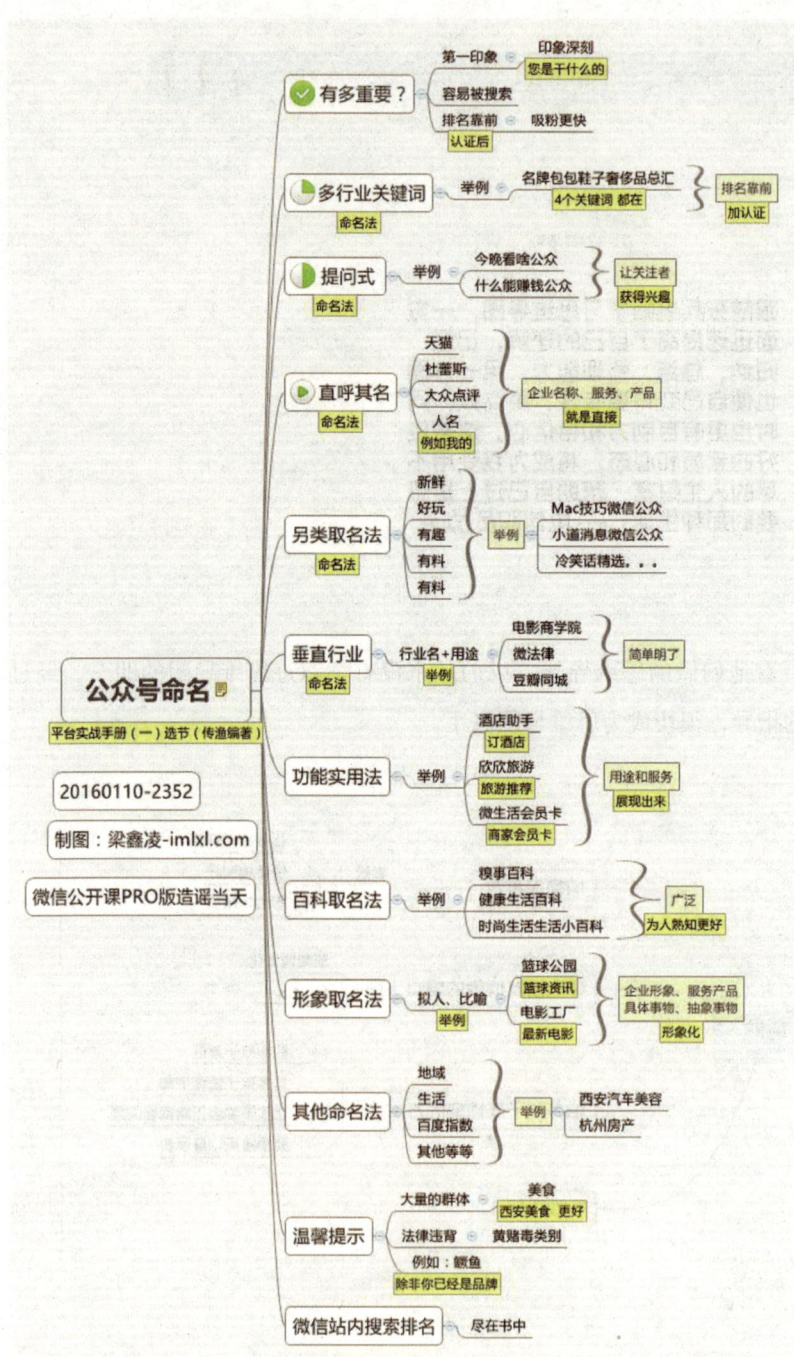

后记
《思维导图高手》，一本为读者带来提升的图书

《思维导图高手》这本图书定价原为100元（因图书发行缘故，调整为88元），而带给读者的价值远远大于100元。不仅让读者的个人能力得到提升，同时为读者朋友们打造一个优秀的圈子，相互学习，相互提升，为个人打开一个全新的格局！

《思维导图高手》不仅仅是一本图书，同时也是你加入优秀社群的敲门砖，这就是三羌文化打造图书的意义所在。

三羌文化只出精品图书，并为作者量身定制强大的后端，让图书的价值无限延伸！

感谢读者朋友们对三羌文化一如既往的支持，感谢大家对张兵老师的支持，三羌文化与大家同行！

王茹（微信：46550015）

2016年1月19日

天使赞助名单

张铭鹏

行业：文化传媒
QQ：1755978012
微信：goodlwfb
简介：订阅号（lwfbvip）+(北京灵觉睿智文化传媒有限公司，项目主管，业务：国内学术期刊论文发表，包括国家级和省级刊物，大学学报，北大核心，南大核心期刊，知网论文检索，论文修改及审核。

戴江瑞

行业：家庭指导
QQ：123177318
微信：dai201406
简介：目前致力于进入家庭对孩子和父母进行行为指导，服务于整个家庭，通过对家庭的现场观察和分析，帮助整个家庭成长，使孩子在学习上能轻松面对作业和在生活上能自我管理，使父母能进入个人成长阶段。

姜宇鹏

行业：心理咨询
QQ：392841295
微信：j392841295
简介：兴趣广泛的心理咨询师，爱学习的宝妈。

李勇

行业：纹绣
简介：纹绣不是追求浮华，只重表面。纹绣是一种宁静的美丽。而美丽是一种生活品质，提升心灵，愉悦精神。回春纹绣美容机构，专注纹绣12年，我们认真做纹绣。希望认识更多像张兵老师一样成人达己的朋友。

陈佳锋

行业：互联网
QQ：619572967
微信：The_Sun0223
简介：一个低调的年轻的帅气的小伙子。

王子

行业：互联网
QQ：270562824
微信：ideacpu
简介：T思想创始人，来自七彩云南褚橙的故乡哀牢山。8年创业，向着阳光野蛮生长，小有所成。

黄泽龙

行业：互联网
QQ：515648558
微信：15823969708
简介：北京资源云CEO，财智汇商学院执行院长，《26岁我如何拥有百万身价》作者。凡是通过《思维导图高手》这本书加微信者（验证：思维导图高手+姓名+手机号），我将免费赠送财智汇商学院原价990元的《财富大系统》投资实战课程（在线点播）。

张家伟

行业：知识产权
QQ：250100901
微信：loveing893697532
简介：山东人，专利代理人，主要从事知识产权的申请、维权、分析等工作，希望能和全国各地的从事知识产权工作以及GTD的同行们多交流、多学习。

陈曼芳

行业：财务
QQ：458194167
微信：peggy137
简介：一名小小会计员。为了向管理方向转变，我希望借助思维导图使我处理问题的方式有质的飞跃。为成为一名职场上的"懒人"而努力。

王菁

行业：建材、家居
QQ：3127136950
微信：fhczz01
简介：中原最具影响力的一站式建材家居商城，占据河南建材家居半数以上的市场份额，曾获"中国名牌市场""全国公众信赖百佳著名市场"荣誉称号。国内外建材家居厂商进入中原市场的首选战略要地，建材家居品牌旗舰店汇聚地！

魏娟

行业：网络营销
QQ：766587060
微信：game455
简介：黑龙江省哈尔滨市人，很高兴认识大家！因为做网络营销能赚到钱，所以我现在在代理安化黑茶，愿意用祖国古老的文化为大家带去健康和安宁！如果你碰巧也喜欢黑茶，也喜欢祖国悠久的文化，那么我们携手一起用黑茶给大家带去健康吧！

许冬好

行业：机械行业
QQ：1318677166
微信：15975066604
简介：广东省江门市开平人，江门鹤山市址山镇杰琳机械制造厂总经理，从事机械行业有10余年的经验，开创杰琳机械已经有六个年头了，真诚待人，以提高生产效率与品质、解决客户的痛点为己任。杰琳机械专注于非标自动化设备设计与制造，优势是有自主研发能力，设计、制造、销售、售后一站式服务。如果你的企业生产遇到痛点，如果你想要推动设备自动化发展，请联络我！很期待认识大家，感恩所有的相遇！

宋淑海

QQ：297519822
微信：yini9261312
简介：山东邹平人。在辽宁葫芦岛创业，成为了微商传媒牛逼的粉刷匠。我是一名行走在风口浪尖的水手，我喜欢畅游在大海里的感觉。喜爱运动哪能没有一个强健的体魄呢？八年来，我一直坚持弘扬中华优秀养生文化，努力创造平衡、富足、和谐的健康人生。无限极健康食品，以传统中医理论为指导，结合现代高新技术提取天然植物中的有效成分，配合药食同源的传统中草药，以调节免疫增强抵抗力为核心，通过调节人体各方面的生理功能，达到自我调节自我修复，使机体各脏器功能恢复正常。无限极给我带来了一个强健的体魄！希望通过我也能把健康传递到你的手里。

葛以军

行业：互联网
QQ：7501292
微信：7501292
简介：财猫云是一家专业的会计服务机构，通过自主开发的互联网平台，为小微企业提供便捷、安全、专业的财税代理服务。财猫云的客户可以在线订购服务产品、查询账务明细和有无财税风险。财猫云让创业更加安全、简单。网址：www.cmclouds.com，微信平台:财猫云。

潘昌海

行业：幼儿兴趣班，幼儿玩具、学具、积木
QQ：564971350
微信：564971350
简介：国际儿童思维学习馆的项目总监，幼儿玩具、学具创业研究者、践行者。手握多个投入少、高回报的项目，期待拥有幼儿资源的你一起共谋大业。

赵 明

行业：移动互联网
QQ：1466460278
微信：13522381361
简介：七零后，彩妆产品品牌方合伙人。

石智中

行业：电梯装饰、贴金、装饰用高档不锈钢、纳米科技
QQ：290806324
微信：Szzszz333
简介：重庆奥强电梯装饰材料厂总经理，重庆奥强科技有限公司总经理，重庆非遗文化漆器传承弟子，重庆江苏商会理事，重庆两江精英会副会长，中小企业发展研究会常务理事，中华石姓文化研究会发起人，世界石姓宗亲联谊总会常务理事。

刘合钦

行业：国际贸易
QQ：158227322
微信：158227322
简介：本人做国际贸易有六年了，主要服务北美华人餐馆，有大量的数据资源，如果你有好产品想找我合作的话可以加我。

萌 萌

行业：移动互联网+商业解决方案、海南地方自媒体
QQ：115980174
微信：13976792005
简介：海南黑马互联信息科技有限公司CEO，海南优益商贸有限公司CEO，海南好好学习互联网商学院院长，通王商学院海南分校校长，牛投天使投资人。

李湛荣

行业：英语教育
QQ：1105720339
微信：Jenny666609
简介：小牛妈妈英语启蒙联合创始人，英语微课堂联合创始人，北京师范大学英语教育硕士，广东省高校英语教授；23年英语教学经验；专注英语微课堂小牛妈妈英语启蒙和中高考英语提分，带领专业团队打造英语学习分享平台。教学理念：培养孩子的终身学习能力。教学特点：人文性、高效性、趣味性和创造性。

吴小佳

行业：吸引力法则
微信：wuxiaojia13
简介：来自深圳，专注学习实践吸引力法则八年之久。目前是吸引力法则中文世界第一权威的紫雨老师的入室弟子。同时也是吸引力晨读群群主，吸引力答疑讲师团成员。通过学习实践吸引力法则吸引来价值300万的房子以及一位美丽的女朋友。想复制我的实相吗？欢迎加我，将为你提供专业的吸引力法则解决方案，引导你通过学习实践吸引力法则，吸引任何你想要的问题的答案和解决方案。

王升健

行业：企业管理
QQ：9195415
微信：9195415
简介：网名健哥，专业企业管理咨询咨询11年，河南万企共赢企业集团董事长，河南口口传文化传媒有限公司总经理。先后创办郑州昂森贸易有限公司，河南邦融金融服务有限公司。万企汇、万企访谈、万企生态圈创始人。万企共赢企业集团首创财税服务新模式，致力于帮助小微企业快速成长与发展。

黎 俊

行业：互联网
QQ：112573319
微信：112573319
简介：有丰富的职业教育培训经验。2014年开始从事互联网行业，现致力于传统企业的移动互联网转型培训。

众筹支持名单

周良杰
微信：657118172
简介：新教育学堂老师 热爱学习。

郑典富
微信：357854357
简介：希望大家像我名字一样越来越郑典，越来越富有。

李言超
QQ：181738077

胡启慧
QQ：2302266520

邢冬梅
QQ：3352380887

郑建彬
QQ：290462664
简介：弘扬中医养生孝道文化，做健康中国人。

谢忱珑
QQ：103898359
简介：鲁米苏非文化学会，公众微信号rumisufi。

吴赞文
微信：858008458
简介：8年网络连续创业经验，已打造自动赚钱机器。

赵伟仁
微信：2455428078
简介：爱好摄影、旅游、看书、交友，希望找到志同道合的朋友。

邱爱军
QQ：51862240
简介：专注思维导图教学，助您轻松考取会计从业资格证！

李胜绪
微信：1050740974
简介：喜欢做生意，喜欢互联网营销和投资。

王江松
微信：898424604
简介：一名佛学爱好者、受益者，代理藏秘28泡。

星　河
微信：29257881
简介：从事移动App产品、技术与团队管理多年。

刘学文
微信：yishenyizhanyipingou
简介：网名胡杨姑娘，微营销讲师。

步娟娟
QQ：454079241
简介：不断的自我修正和提高，遇见最好的自己，淡定的生活！

游妹妹
微信：behumble15392193283
简介：老大不熟，正在成长蜕变。

梁鑫凌
微信：ling112410
简介：手机安装Android或ios，成为"人体器官"；脑袋安装Mindmap，解禁你"天马行空"的天赋。

张俊茹
微信：462532867
简介：喜欢心理学，想了解管理咨询、心理咨询相关知识。

李 涛
微信：13708058805
简介：简单使用导图很多年。

汪忠精
微信：wzj8080
简介：我是从事健康营养管理工作的。

张岱陌
微信：51381031
简介：创业方向为移动互联网，以轻视频和虚拟为产品，确立"帮助人利他利己"为愿景。

闫永杰
微信：QQ81991518
简介：国企工程师，太原市永欣达科技有限公司CEO。

田雄飞
微信：18625550998
简介：在思维导图世界中学习成长分享，个人公众平台：nlxtd168。

何佳良
微信：18520802987
简介：专注于餐饮行业。

游书耀
微信：m766063989
简介：青春不留遗憾，不奋斗怎么知道自己行不行。

陈明强
QQ：934389487
简介：本人来自广西来宾，目前就职于浙江绍兴一家纺织制造厂，从事机械维修技术。

龙 七
微信：741476254
简介：做个好人，交些好朋友。

代 杰
微信：13812948665
简介：通王商学院苏州分校校长。

唐小平
微信：t108424602
简介：做微信公众号运营这类自媒体。

梁 波
简介：流动资金增值8％服务（只服务秦王会会员）。

周达鑫
微信：Darcy_9
简介：在深圳从事照明行业，擅长LED驱动设计，希望在这里能结识更多的朋友。

王剑锐
微信：245244724

张燕津
微信：15880877520
简介：如果"坏"是更好的一种存在方式，那么你必须改变。

杨新莉
QQ：83215989

微商实战女神米小姐
微信：9126810
简介：专注健康领域，改善亚健康。

周泉林
微信：tralin_chou
简介：热爱思维导图，渴望和大家一起进步。

刘 芳
微信：eline_113cn

刘沐真
微信：1634916
简介：赵云网的CEO，长期从事游戏化的研究，欢迎各位朋友找我交流。

唐世军
微信：9600918
简介：A5站长网总经理，垂直互联网运营专家。

赵卫平
微信：wenducsr
简介：温渡公司创始人，鲜榨果汁专家，秦王会会员。